有趣的植物

图解神秘的植物世界

芒果 · 编著
野作插画 · 绘
张敬莉 · 审

電子工業出版社
Publishing House of Electronics Industry
北京 • BEIJING

读 者 服 务

读者在阅读本书的过程中如果遇到问题，可以关注“有艺”公众号，通过公众号中的“读者反馈”功能与我们取得联系。此外，通过关注“有艺”公众号，您还可以获取艺术教程、艺术素材、新书资讯、书单推荐、优惠活动等相关信息。

扫一扫关注“有艺”

投稿、团购合作：请发邮件至art@phei.com.cn。

图书在版编目（CIP）数据

有趣的植物：图解神秘的植物世界 / 芒果编著；野作插画绘. —北京：电子工业出版社，2023.10

ISBN 978-7-121-46410-2

Ⅰ. ①有… Ⅱ. ①芒… ②野… Ⅲ. ①植物－普及读物 Ⅳ. ①Q94-49

中国国家版本馆CIP数据核字（2023）第184384号

责任编辑：孔祥飞　　特约编辑：田学清

印　　刷：天津善印科技有限公司

装　　订：天津善印科技有限公司

出版发行：电子工业出版社

北京市海淀区万寿路173信箱　　邮编：100036

开　　本：787×1092　1/16　印张：6　字数：134.4千字

版　　次：2023年10月第1版

印　　次：2023年10月第1次印刷

定　　价：69.00元

凡所购买电子工业出版社图书有缺损问题，请向购买书店调换。若书店售缺，请与本社发行部联系，联系及邮购电话：（010）88254888，88258888。

质量投诉请发邮件至zlts@phei.com.cn，盗版侵权举报请发邮件至dbqq@phei.com.cn。

本书咨询联系方式：（010）88254161～88254167转1897。

前　言

在人们的印象中，植物都是一动不动的。但出人意料的是，有些植物是很爱动的，如舞草，它能根据声音的大小，像跳舞一样摆动。而有些植物爱吃“肉”，如捕虫堇、猪笼草，它们会捕食昆虫，通过分解昆虫来吸收营养物质。

你还知道哪些与众不同的植物？比如，哪些植物可入药？哪些植物可以给我们创造经济价值？

你看，世界上有那么多植物，它们各有各的不同和有趣之处。

你想知道更多有意思的植物吗？翻开本书，那些有意思的植物，很多都在书里啦！

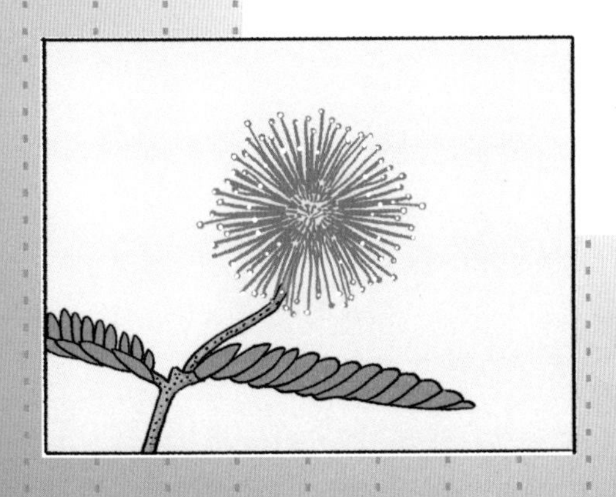

目录

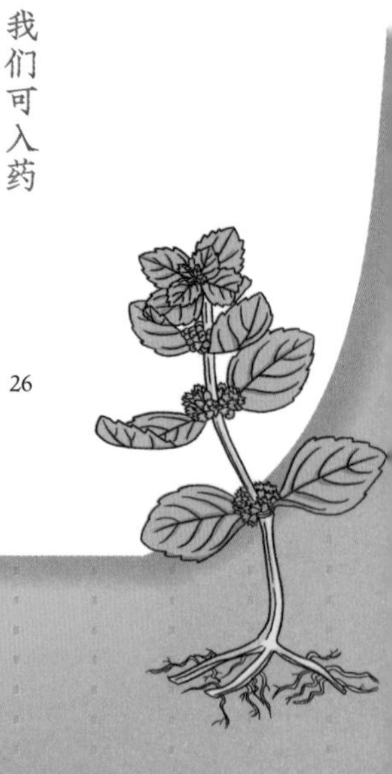

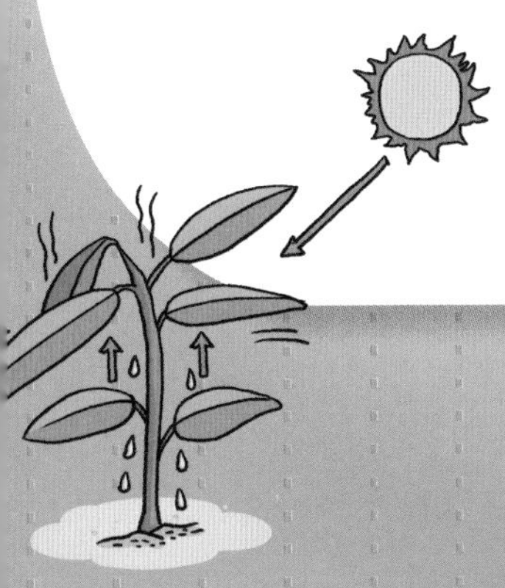

认识植物

植物通常指的是那些有叶绿素和细胞壁的，能够进行自养的真核生物。目前，世界上现存的植物大约有 40 万种。植物在世界生态系统中发挥着重要作用，它们产生地球上大部分的氧气，并且在食物链中承担重要角色，植物是一切生物生存的基础必备条件。

植物被分为裸子植物和被子植物，被子植物共有六大器官：根、茎、叶、花、果实、种子。现在我们就来了解被子植物的根、茎、叶、花的主要特征吧！

根

植物有各种各样的根，大体上可以分为直根、须根、不定根和假根。根既是植物获取水分和养分的重要器官，也是植物牢牢抓紧地面的有力工具。不仅如此，有些植物的根还承担着繁殖、贮存或合成有机物的重任。

主根。种子萌芽后，芽突破了种皮的局限，努力向外生长，不断垂直向下生长的那部分为主根。比如，我们熟悉的石榴，当它的种子开始萌芽，“一脚踹掉”种皮向下生长的条状物就是根。它不断地向地下生长，越长越深，就形成了主根。

侧根。当植物的主根生长到一定长度以后，便会萌发出一些分支，用于更加高效地吸收土壤中的养分，这些分支就是我们常说的侧根。

定根与不定根。简单来说，定根是由胚根发育而来的、长在固定位置的根，包括主根和侧根。不定根就很好理解了，除主根和侧根外的根都叫作不定根。比如，植物扦插时从枝条处长出来的根就是不定根。

茎

茎是植物的运输通道。茎介于根和叶之间，可能是植物身上最“忙碌”的器官了。平日里，茎既要协助根和叶做好营养和水分的传输工作，还要强力支撑起植株在地面以上的部分，保障植株的稳定与健康。

茎尖的生物特性和根尖类似，都具有较强的生长能力。除了少数地下茎植物，茎对于植物地面以上部分的庞大枝系所起到的支撑作用功不可没。

茎的外形是多样的：有的粗，有的细，有的长，有的短。大多数植物的茎的外形为圆柱形，也有部分植物的茎为其他形状。比如，香附、荆三棱的茎的横切面为三角形，薄荷、薰衣草的茎的横切面为方形等。

按生长方式分类，茎可以分为地上茎和地下茎两种类型。地上茎，顾名思义，植物的茎长在地面上。

茎上生有枝、叶，顶端生有顶芽，侧面生有侧芽。不同植物的地上茎在适应外界环境时有各自的生长方式，使叶有展开的空间，从而获得充足的阳光，制造出营养物质。

地下茎的形状很像根，但它有节和节间。节上常有退化的鳞叶，鳞叶的叶腋内有腋芽，这是其与根的不同之处。常见的地下茎有4种类型，如莲、竹的根状茎；如马铃薯的块茎；如荸荠的球茎；如洋葱、水仙的鳞茎。

叶需要的水分、根系需要的营养物质，每天都在茎中进行无数次的交换和流通。在茎强有力的支撑下，植物才能越长越壮。如果茎秆受伤，那么物质运输的通道便断了，营养物质便不能交换、流通，那对植物来说简直是灭顶之灾。

叶

叶是植物体中感受环境面积最大的器官，其形态结构最易随生态条件的不同而发生改变，以适应环境。不同植物的叶的形态多种多样，大小不同。

叶，一般由叶片、叶柄和托叶 3 个部分组成。

叶分为完全叶和不完全叶。前面提到的 3 个组成部分都具备，就称之为完全叶，如棉花的叶。而如果缺少其中一到两个组成部分则称之为不完全叶，如向日葵的叶（缺少托叶）、莴苣的叶（缺少叶柄及托叶）。除了以上两种叶片，还有一些植物连叶片都没有，只有一个扁扁的叶柄生长在茎上，被称为叶状柄，如台湾相思树。

叶片是植株重要的组成部分，大多数植物的叶片呈扁平状，这种形状的叶片的表面积比较大，有利于植物的气体交换和光合作用。叶片的形状是植物的光合作用和蒸腾作用对环境完全适应的体现。

叶柄是连接叶片与枝的部分，是为叶片输送水、营养物质和同化物质的通道。叶柄能使叶片转向有阳光的方向，改变叶片的位置，使各叶片不至于互相重叠，从而可以充分接收阳光。

托叶是叶柄基部的细小绿色或膜质片状物，通常成对而生。比如，棉花的托叶为三角形，对幼叶有保护作用；豌豆的托叶大且呈绿色，可替代叶。

茎上叶的生长方式及规律就是叶序。叶掉了可以再生长，但它们并不是毫无章法地胡乱生长，而是遵循一定的规则，常见的有簇生、轮生、互生、对生这几种方式。

叶在接收到阳光时，叶片内的叶绿体会以光为能源，结合叶片中的水和空气中的二氧化碳，制造出以碳水化合物为主的有机物并释放出氧气。这个过程被称为光合作用。

花

花，是植物的生殖器官，主要用于繁衍后代。植物的繁衍方式主要是将花粉中含的“精子”和子房中的“胚珠”结合。

授粉，指的是花粉从花药移动到柱头的过程。授粉分为自花授粉和异花授粉：在同一朵花上将花粉转移至柱头的行为就是自花授粉，而将一朵花的花粉转移到另一朵花的柱头上就是异花授粉。受精的胚珠会携带着遗传独特性发育成种子。

开花植物的有性繁殖大多采取授粉的繁殖方式。这种方式通常要借助媒介，有的植物需要借助风媒介，如杨树；有的植物则需要借助其他动物媒介，如借助昆虫（虫媒）的大王花、借助鸟类（鸟媒）的鹤望兰等。除此之外，还有水媒、蝙蝠媒等其他媒介。花朵完全开放并完成繁殖过程的这个时期被称为花期。

花朵主要由花梗、花托、花萼、花冠、雄蕊群、雌蕊群构成。花梗，也称花柄，既是连接茎的小枝，也是连接茎和花朵的通道。花托，是花梗顶端略呈膨大状的部分，花朵的各部分按一定的方式排列于花托之上，有多种形状。花萼，是花朵最外轮的变态叶，由若干萼片组成，通常为绿色，主要分为离萼与合萼两种类型，有时还有副萼，它们有保护幼花的作用。花冠，是花朵第二轮的变态叶，由若干花瓣组成，常有各种颜色和芳香味道。花冠有离瓣花冠、合瓣花冠之分，可吸引昆虫传粉，并保护雄蕊、雌蕊。雄蕊群，是一朵花内所有雄蕊的总称。雌蕊群，是一朵花内所有雌蕊的总称。多数植物的花只有一个雌蕊。

花朵的形态各不相同，可以说，世界上有多少种被子植物，就有多少种形态各异的花。花朵的颜色由花瓣中的色素决定，其中发挥重要作用的主要是类黄酮、类胡萝卜素和花青素。而花青素的化学性质非常不稳定，花青素的颜色会随 pH 值的变化而变化。

第一章　我们很爱动

含羞草

植物与动物不同，它们既没有神经系统，也没有肌肉，因此一般的植物无法感知外界的刺激。而含羞草却与一般植物不同，它在受到外界事物的触动时，真的会像个害羞的孩子，将自己的“脸庞”隐藏起来。含羞草的叶子通常张开着，如被触碰，则会立即合拢起来。触动的力量越大，合得越快，并且整个叶子都会垂下，像有气无力的样子，整个动作在几秒内就完成了。

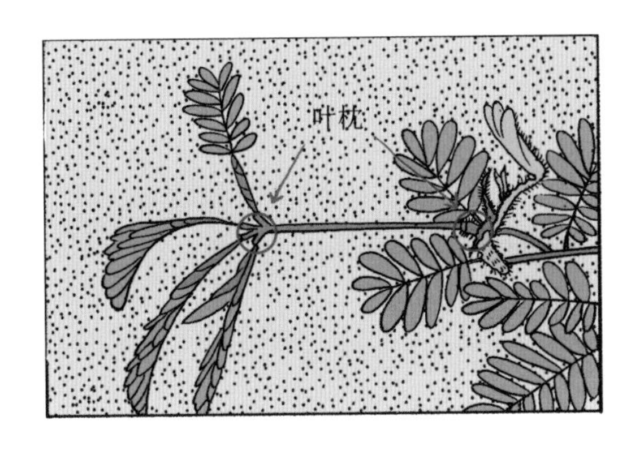

含羞草之所以会“害羞”，原因在于它特殊的生理结构。在含羞草的复叶叶柄基部和小叶基部，有一个叫作叶枕的膨大部分。小叶基部的叶枕内部有特殊的细胞构造，即上部的细胞壁比较薄，而下部的细胞壁较厚。同时，上部的细胞间隙（细胞与细胞之间的空隙）比下部的大。因此，在受到外界刺激时，在小叶基部的叶枕内部，上部细胞内的水分从细胞内流出到细胞间隙，这时上部细胞的压力就会下降，而下部的细胞仍保持着膨胀状态，从表现上来看，叶片就呈现出了闭合状态。

而复叶基部的叶枕与小叶基部的叶枕的细胞构造恰好相反，在复叶基部的叶枕内部，下部细胞压力下降，上部细胞保持膨胀状态，这时就会呈现出叶片低垂的状态。

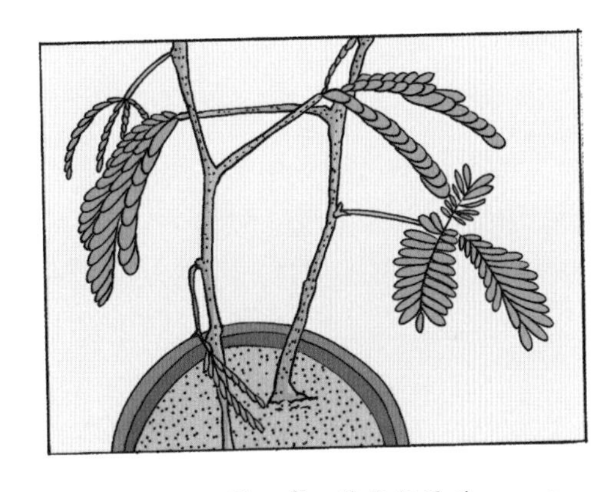

既然含羞草可以这么灵活地对外界刺激做出反应，那么如果连续不断地刺激它会发生什么呢？

答案是，如果连续不断地刺激含羞草，那么含羞草叶枕内部的细胞液就会流光，短时间内没有充足的细胞液做补充的话，含羞草就会变成“不羞草”，即像其他常见的植物一样，不会对刺激做出任何反应。

含羞草的这种特殊能力有着特殊的历史渊源。它的原始栖息地——热带美洲经常有强风和大雨。每当大雨倾盆，含羞草在叶片感受到雨滴落下的同时，会立即将叶片闭合并垂下茎杆，以避免暴风雨对它造成伤害。这是它适应外部环境变化的一种方式。

含羞草的花呈白色、粉红色的绒球状。开花后，它会形成一个扁平的圆形荚果。含羞草的花、叶、荚果具有良好的装饰效果，而且含羞草非常容易成活，因此非常适合作为阳台或室内盆栽花卉。

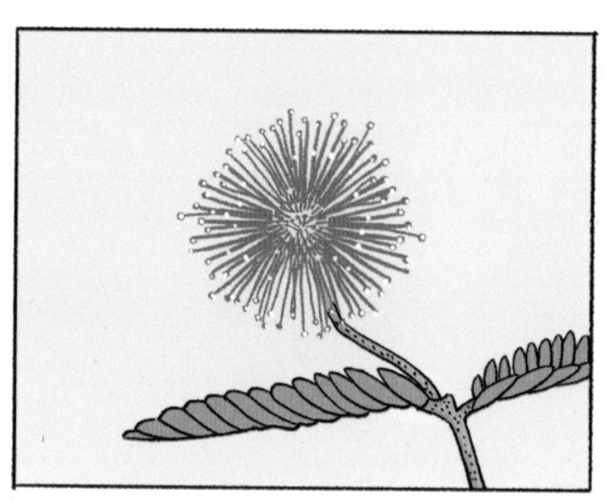

含羞草的运动也可以看作一种自卫形式：动物一碰到它，它合上叶子，动物就不敢吃它了。含羞草的这种特殊习性是它在长期的自然选择过程中对环境的适应，是一种自我保护行为。

含羞草全株微毒，可以入药，具有镇静、止血的作用。新鲜的含羞草的叶子可以撕下捣碎外用，以治疗带状疱疹。现在，含羞草已广泛分布于世界各地的热带地区，在我国的云南、广西、广东等省均有分布。

卷柏

所有植物体内都含有水分，只是不同植物体内的水分含量不同。但有一种植物，几乎已成“干草”，却仍然可以保持生命，并会遇水而荣。这便是大名鼎鼎的卷柏，它也因此获得了“九死还魂草”的名号。

卷柏主要分布在中国、俄罗斯的西伯利亚、朝鲜半岛、日本、印度和菲律宾等国家和地区，多生于向阳的山坡岩石上，或者干旱的岩石缝中。中国大部分地区都有它的身影，主要生长在山东、辽宁、河北等地。

卷柏为多年生草本植物，主茎直立，茎部有许多须根；它的植株上部轮状丛生，分枝较多；它的叶片呈鳞状，像密集排列的瓦片，表面为绿色，叶边有无色膜质边缘，尖端渐尖、变成无色长芒。

卷柏最奇特的地方就是，当水分充足时，它的叶片翠绿舒展；当遭遇长期干旱时，它就像睡着了一样，叶片也失去了绿色，甚至像枯死了一样。但是，它的根能自行从土壤中分离出来，蜷缩似拳状，随风移动；当再度遇到水时，它便会重新“醒来”，枝叶舒展，翠绿可人，如同神话中的“死而复生”。科学家将这种神奇的植物称为“复苏植物”。

舞草

舞草是一种非常有趣的灌木。当人们对着它说话或唱歌时，它的小叶子会来回摆动，就像听到了你的歌声并随歌起舞一样。它的祖籍是印度。在我国，舞草主要分布在云南、广西、贵州、福建等地。目前，舞草已被我国被列入珍稀濒危植物名录。

舞草的叶片由顶生小叶和两片侧小叶组成，这种叶片结构也称三出复叶。舞草的顶生小叶长5.5~10厘米，而侧小叶非常小，有的茎秆只有一侧生有侧小叶。舞草的舞蹈动作主要由侧小叶来完成。

在同一株舞草中，叶子“舞蹈”的动作有快有慢，看起来就像一群随歌起舞的舞者，各自沉浸在自己的节奏里。

舞草的侧小叶非常灵活，不仅可以上下摆动，伴随着歌声还能做出360° 大回环的“高难度动作”，远远看上去就像一群翩翩起舞的蝴蝶。

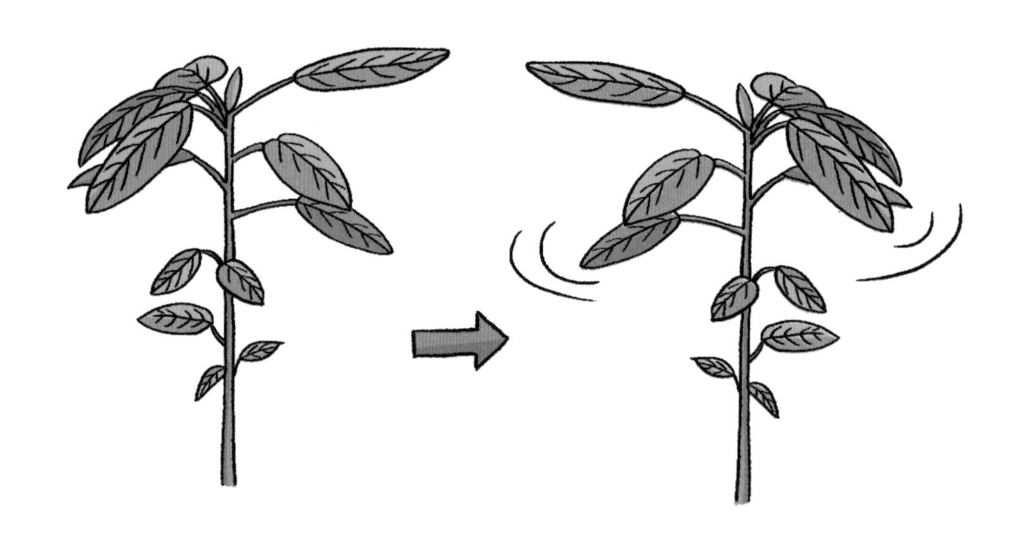

舞草之所以会“随歌起舞”，是因为在它的叶片两侧生有大量的线形小叶，这些线形小叶对声波非常敏感。当气温达到 20 多摄氏度，尤其是阳光明媚时，受植物蒸腾作用的影响，植株内部的水分会快速蒸发，这时位于侧小叶叶柄基部的海绵体组织就会膨胀起来，这种膨胀会带动整个侧小叶的叶片发生移动。不仅如此，音量的大小也会影响侧小叶的运动，当音量超过一定分贝时，舞草就会像跳舞一样上下摆动，舞草也因这样的奇观而得名。

当夜幕降临时，舞草上的各位“舞者”就会慢慢进入睡眠状态。舞草的叶柄会收拢起来贴近枝条，陷入沉睡的顶生小叶会耷拉下来折起，而侧小叶就像意犹未尽的孩童，还会轻轻扭动身躯。只不过，忙碌了一天的侧小叶到了夜晚，跳舞的节奏明显慢了许多。

风滚草

广义上的“风滚草”并不是一种植物，而是很多种植物的统称，包括了美洲本土的白苋等种类。但是，狭义上的风滚草，指的是原产于欧亚大陆的一种植物——刺沙蓬。风滚草被称为植物界的“流浪汉”，它是戈壁中一种常见的植物。当干旱来临时，它会团成一团，在茫茫戈壁上随风滚动——它也是一种生命力极强的植物。

风滚草极其聪明，在气候干旱或其他条件恶劣的地区，或者在极度缺水的情形下，它就会蜷缩成一团，随风翻滚，四处流浪。一旦遇见湿度适宜的土壤，它便会舒展开，重新落地生根，然后冒出新芽、发出新枝、开出颜色淡淡的花。直至当地的条件变得恶劣，逼迫它不得不再次“搬家”。

风滚草的一个主要生物学特征是它可以随风飘荡。每当风滚草的果实成熟，风滚草的植株便会失水干枯。如果这时吹来一阵风，其干、脆的根部便会瞬间断裂，然后乘着风扭动自己圆滚滚的身躯飘向远方。

一株成熟的风滚草可以携带大约成千上万颗种子，这些种子在风滚草随风滚动的过程中，伴随着震动随机掉落。掉落的种子如果落在适合生长的地区，便会就地生根，萌发新的植株。

风滚草在美国是臭名昭著的入侵物种。风滚草本身的特性，再加上美国独特的地势、生物等因素，导致风滚草在美国“无法无天”地生长。即便后来意识到它对当地环境带来的伤害，美国人面对浩浩荡荡的风滚草大军也束手无策。

干枯的风滚草重量轻、体积大，植株还带刺，导致它清理起来异常困难。你可能会问，风滚草难道没有天敌吗？这世界上没有人治得了它吗？

事实上，风滚草的出生地并不在美洲，而在欧亚大陆。因此，风滚草在欧亚大陆上有着一套完整的、平衡的生态系统。在这套生态系统中，物种之间互相制衡，并不会让风滚草肆意生长。而在美洲大陆上，由于根本没有生长过风滚草，自然也就没有以风滚草为食的动物，也就无法通过动物进食来控制风滚草的数量。因此，美国人在短时间内无法通过自然的力量来摆脱风滚草入侵带来的伤害，只能采取人为的方式加以控制。

话说回来，中国也有风滚草，为什么中国的风滚草好像没有美国的风滚草那么“凶残”呢？

实际上，这是由于两国存在巨大的地理环境差异。

中国的国土总面积约为 960 万平方公里，其中山区（包括山地、丘陵及高原）的面积占了 2/3 左右。相比之下，平原的面积仅占我国国土总面积的 1/10 左右。而美国 40% 以上均为平原，风滚草这种随风飘荡的植物，显然在广袤的平原地区生活得更加游刃有余。受地形影响，风滚草在我国的传播范围是非常有限的。

野燕麦

野燕麦是禾本科、燕麦属一年生草本植物。它的须根很坚韧，麦秆直立，高 60~120 厘米。它的叶片是扁平的，微微有点粗糙；整株呈金字塔形，含小花；4-9 月时会开花、结果。

野燕麦的生存能力强，喜欢生长在潮湿的地方，如耕地中、沟渠边和路旁。野燕麦是一种靠湿度变化“走路”的植物。这是因为野燕麦种子的外壳上长着一种类似“脚”的芒，芒的中部有膝曲。当地面湿度变大时，膝曲伸直；当地面湿度变小时，膝曲恢复原状。在一伸一屈之间，野燕麦不断前进，练就了一身“走路”的本领。

在北美洲，野燕麦主要被当作牧草，但它的果实也可被食用。它和小麦、节节麦的长势差不多，在苗期的形态很相似。

野燕麦的适应能力较强，广泛分布于欧洲、北美洲、非洲、亚洲等地区，在我国南北各地均有种植。它含糖量高，收割后可制成干草，供牛、羊等食用。

野燕麦是出了名的田间害草之一，它们和农作物争水、争肥、争光、争生存空间，还会传播植物病虫害。它们长得快、手腕硬，无论是水肥的吸收能力，还是繁殖能力，小麦都远不及它。有它在的地方，农作物往往会出现植株倒伏、延迟成熟、籽粒干瘪的情况。农民们通常对野燕麦深恶痛绝。

然而，从经济价值的角度来讲，野燕麦也不全是缺点。虽然它会影响农作物的生长，但它也是优质的青饲料。野燕麦的茎、叶中含有丰富的营养，富含粗蛋白，是牛、马、羊等大型牲畜十分喜欢的饲料之一。

第二章　我们爱吃“肉”

捕虫堇

捕虫堇多生长于贴近地面处，它的外形非常漂亮，叶子分为水滴形、椭圆形或线形。它叶厚多汁，大多呈现明亮的绿色或者粉红色，表面非常光滑，好似刚出生的婴儿的皮肤。

捕虫堇大多是多年生的草本植物，极个别品种为一年生草本植物。在它肉质的叶片上布满了腺体，这些腺体能够分泌出黏液和消化液，用来捕捉和消化昆虫。

捕虫堇的叶片边缘通常微微上翘，呈内卷的形态，中间部分向下凹陷，这样的结构可以扩大其与猎物的接触面，并有效防止猎物逃跑。

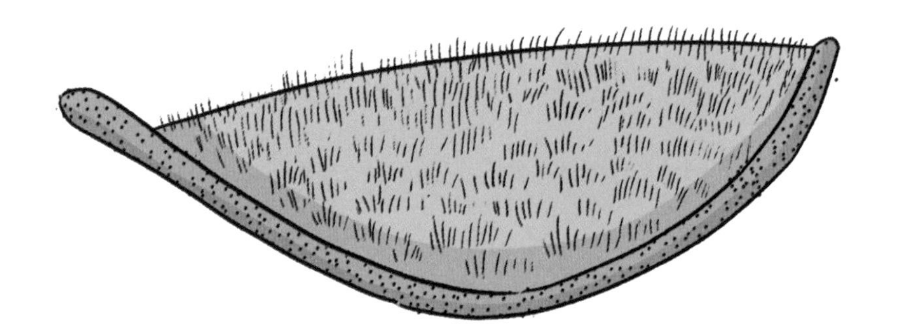

捕虫堇叶片向内的一面上分布着两种不同的腺体，一种腺体具有短短的柄状结构，可以分泌出黏液，用以粘住昆虫，使昆虫无法逃脱；另一种腺体则不具备柄状结构，但是这种腺体具有分解昆虫、杀菌的作用。由于捕虫堇分解、吸收昆虫的过程比较缓慢，为了防止猎物腐败，杀菌的步骤必不可少。这样看来，捕虫堇吃得可谓既干净又卫生。

猎物在被黏液粘住时会挣扎，这会刺激叶片表面的另一种无柄的腺体。这种腺体会分泌消化酶，将猎物溶解成营养液。捕虫堇的消化能力是比较强的，通常被它消化后的猎物只剩下很少的残渣。

捕虫堇分泌消化液的多少和猎物大小直接相关。当捕虫堇粘住较大的昆虫时，它会分泌出大量的消化液，尽可能地将猎物泡在消化液中，如果猎物比较小，捕虫堇就会分泌出相对少量的消化液。不仅如此，当捕虫堇就餐完毕时，多余的消化液还会被捕虫堇进行“回收再利用”。

捕蝇草

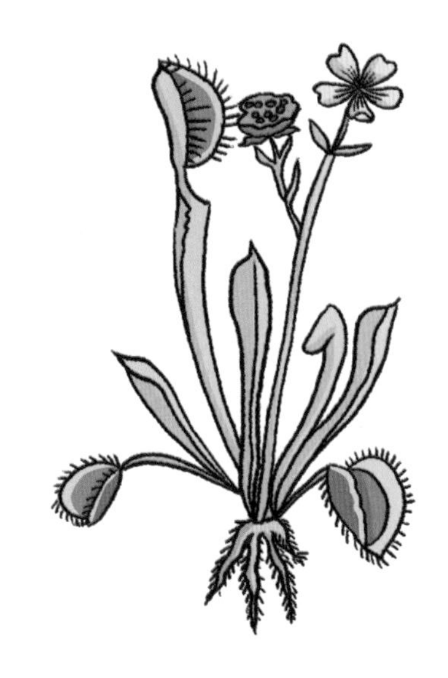

捕蝇草拥有完整的根、茎、叶、花朵和种子。叶是其最主要且明显的部位，在叶的顶端长有一个“贝壳”似的捕虫夹，它能捕捉苍蝇等昆虫，好似一张“血盆大口”。独特的捕虫本领和超酷的外形，使捕蝇草成为深受人类宠爱的食虫植物！

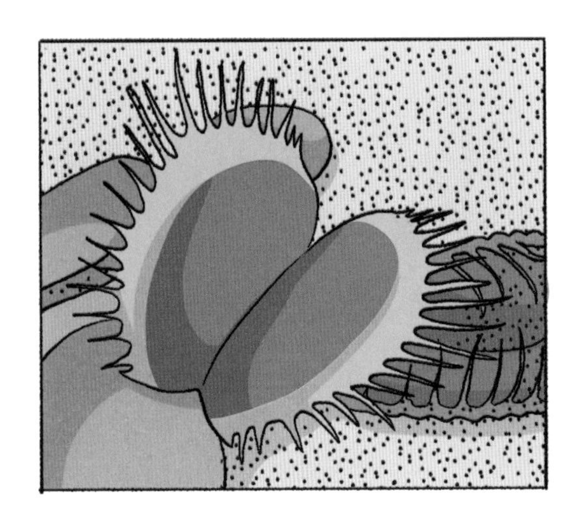

在捕蝇草的捕虫夹的内侧，利用合成花青素呈现出的紫红色可以伪装成花朵吸引昆虫的到来。然而，仅有颜色还不够，捕蝇草的叶片内部的特殊的腺体还能散发吸引昆虫的气味，双管齐下，不怕昆虫找不到它。

除此之外，捕虫夹的两侧边缘各有一排长毛，即卫毛；同时，捕虫夹内部也长有毛，这些毛是触毛。这些毛的作用各有不同。当昆虫步入捕虫夹内时，不可避免地会碰到触毛，而触毛就像捕虫夹的开关，一旦被触碰，捕虫夹便会迅速闭合。而困在捕虫夹里的昆虫只能接受自己被慢慢消化掉的命运。

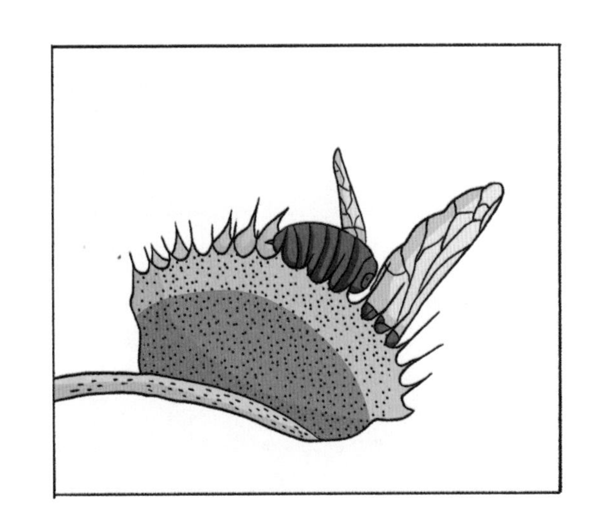

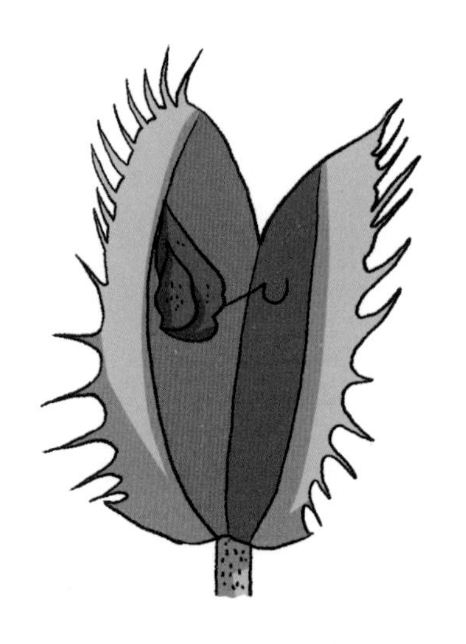

数日后，当捕虫夹再度打开时，昆虫早已不复当初模样了，这时的昆虫只剩下空空的躯壳，风一来就被吹走了。而捕蝇草的捕虫夹内干干净净，仿佛什么也没有发生过。张开的鲜艳的捕虫夹等待着下一位“客人”的光临。

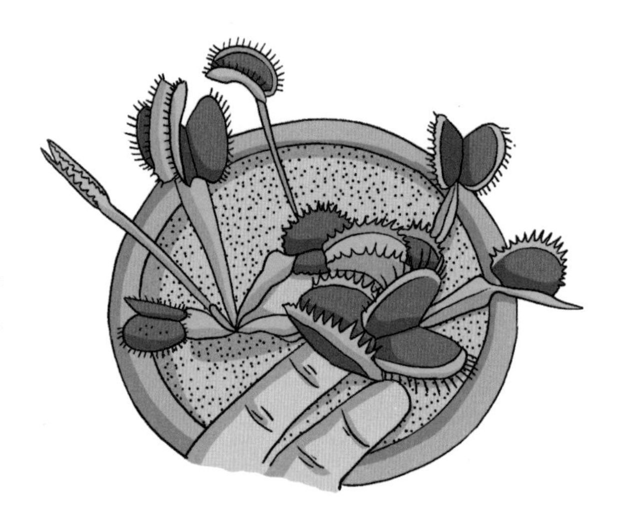

试想一下，如果落进捕虫夹的不是昆虫，而是雨滴、落叶或别的东西，没有眼睛的捕蝇草该怎么分辨呢？捕蝇草对于来访者有自己独特的分辨技巧，判断的依据就是它那 3 对呈倒三角形分布的触毛。

当昆虫步入捕虫夹时，不可避免地会碰到触毛，而且大概率不会只碰到一次触毛。如果昆虫在 20 秒内触碰了两次及两次以上触毛，无论是触碰到两根及两根以上不同的触毛，还是同一根触毛被触碰了两次及两次以上，那么捕蝇草感知到这些后就会迅速闭合捕虫夹。整个过程非常快，闭合时间仅为 0.1 秒。

如果只有一次，或第二次碰触的时间与第一次碰触时间间隔超过约 20 秒，则捕虫夹会呈半闭合状态或没有反应。如果这时马上再刺激一次，则捕虫夹会迅速闭合起来。捕蝇草之所以要通过连续两次或两次以上触碰来确认猎物，是为了提升捕虫的准确性。如果连雨滴落下、动物经过时都闭合捕虫夹，则会大大降低它捕虫的效率。

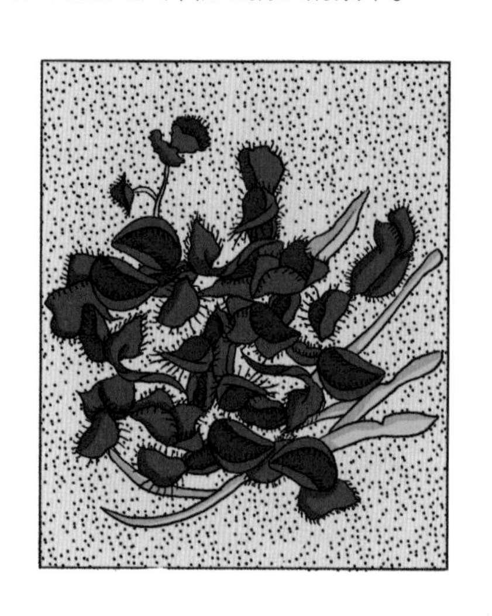

由于捕蝇草无法判断猎物的大小，所以当捕蝇草捕捉到了和自己的叶片差不多大小的猎物时，往往会因为猎物太大而无法快速分解、吸收，导致猎物在温暖湿润的环境下渐渐腐败。而这样的腐败会反噬在叶片上，叶片就像吃坏了肚子或食物中毒一样慢慢枯萎。

捕蝇草的叶片闭合的次数，以及消化猎物的次数是有限的，一旦超量，叶片就会失去捕虫能力，渐渐枯萎。

茅膏菜

茅膏菜为多年生柔弱小草本植物，喜欢新鲜和温润的环境，大多生长于松林下、草丛或灌木丛中、溪沟边，在世界各地都有分布。这类植物本身的叶绿素可以进行光合作用。但其根系不发达，因此要依靠捕食昆虫来弥补其养分的不足。别看茅膏菜晶莹剔透、柔弱含蓄，它们却是大名鼎鼎的“阴谋家”和“食肉植物”。

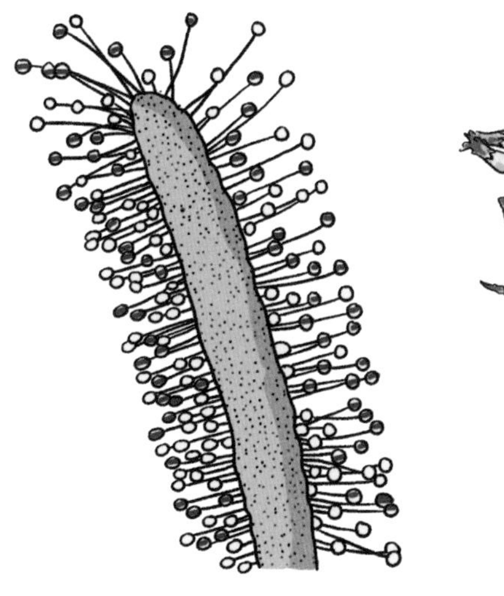

茅膏菜的植株高度从几厘米到二三十厘米不等；花细小，有5片花瓣，颜色呈白色、淡红色或红色；种子细小，呈椭圆形，有纵向条纹。

茅膏菜根茎直立，叶片呈圆形或弯月形状，边缘及叶面有许多红色细毛，这就是它的腺毛。腺毛能分泌黏液，黏液凝集在叶片上，就像点点露珠，晶莹剔透。

腺毛顶端晶莹剔透的“露珠”隐隐泛出红色，晶莹、鲜艳且极具黏性。这种能散发出“迷虫”气味的黏液能使昆虫致命，一旦靠近就会使昆虫丧失逃生的机会。

当抵挡不住诱惑的昆虫来采食，却发现自己已被粘住时，它会在恐慌中竭力挣扎，这会使周围的腺毛一起弯过来，有时叶片也会随之卷起，将昆虫粘得更牢。无法逃脱的昆虫被这些腺毛分泌的蛋白质分解酶消化后，叶片和腺毛又会重新展开，等待新的猎物。所以人们常常能在茅膏菜的叶片上见到昆虫的躯壳。

瓶子草

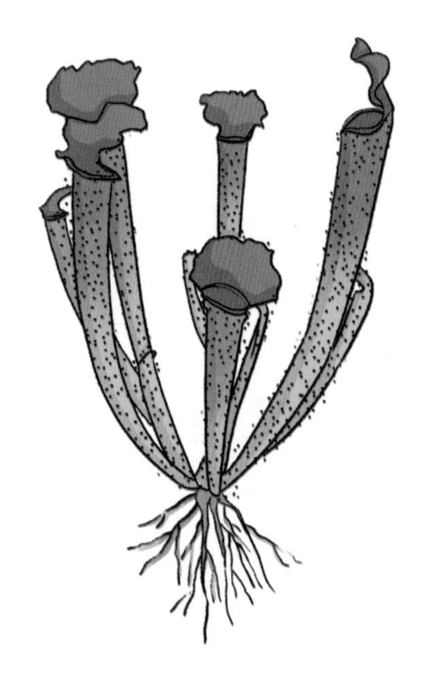

瓶子草原产于北美洲，是一类奇特的食虫植物。它利用其叶子独特的结构来捕捉和消化蚂蚁、苍蝇、蚊子等昆虫。它的瓶状叶是一种非常高效的昆虫陷阱，瓶状叶向外的一面非常鲜艳、好看，而瓶状叶的内壁能分泌出消化液。敞开的瓶口在雨季也会接收雨水，瓶内的消化液与雨水混合，在捕食过程中起到溺死并消化昆虫的作用。

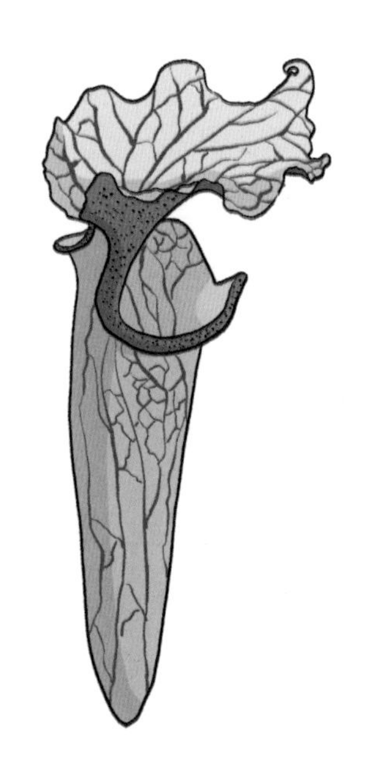

瓶子草没有茎，叶丛呈莲座状；叶子常绿、粗糙、呈筒状，大多颜色鲜艳，有绚丽的斑点或网纹；花蕊的颜色有黄色、粉红色等。

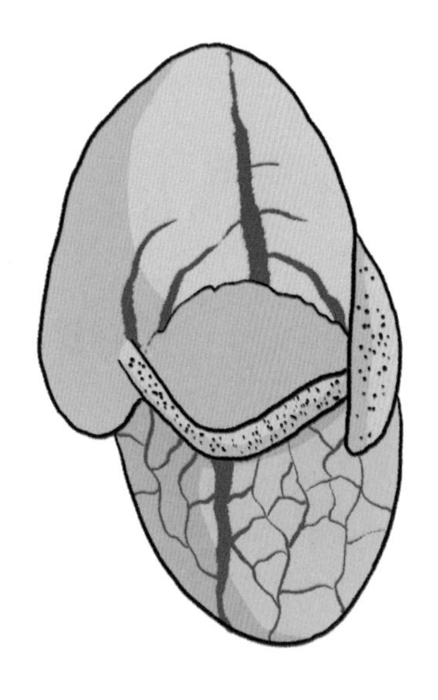

瓶子草的瓶状叶的开口处通常会分泌出气味芬芳的蜜汁，用来引诱昆虫。这些蜜汁气味多变，但大多比较浓烈。有些瓶子草的气味非但不香，甚至有些刺鼻。但这些味道正是昆虫喜欢的味道。

瓶子草是一类体形相对较大、气质高雅的食虫植物。色彩鲜艳的瓶状叶，也可称为瓶盖，它是很有效的昆虫陷阱，也是瓶子草的捕虫器。

瓶盖的下方是瓶口，附近有许多蜜腺，能分泌出大量含有果糖的汁液，用来吸引各类昆虫。但这种汁液可不是昆虫的美食，而是危险的“毒酒”！因为这些汁液里除了含有果糖，还含有有毒物质，用以杀害昆虫。

此外，瓶口下方的内侧长有许多向下的刺毛，昆虫误以为这些刺毛能够供它们攀爬，实际上很容易让它们跌落进瓶子里，倒生的刺毛也会让昆虫完全失去逃跑的机会。瓶子草内部的瓶壁还镶嵌着消化腺，用来分泌含有消化酶的消化液。贪婪的昆虫被吸引来采食蜜汁，为了吃到更多的蜜汁，它们会慢慢靠近瓶口的内侧，一不小心就会跌落到瓶内的消化液中。

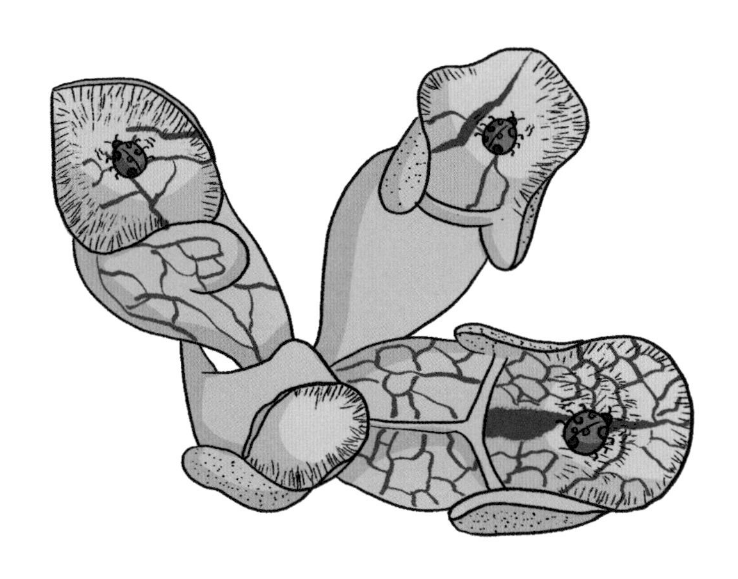

瓶子草最主要的授粉者是蜜蜂，因此对于蜜蜂的光临，瓶子草往往会“网开一面”。为了避免帮助自己授粉的昆虫不小心掉进瓶内被自己误食，瓶子草的花茎通常情况下要高出叶子很多。

而对于贪吃花蜜的昆虫来说就没有那么幸运了。瓶子草内壁的消化液会将落入瓶中的昆虫迅速分解，并由瓶子的内壁吸收其养分，至于无法被分解的躯壳，正是瓶子草“赫赫战功”的证据。

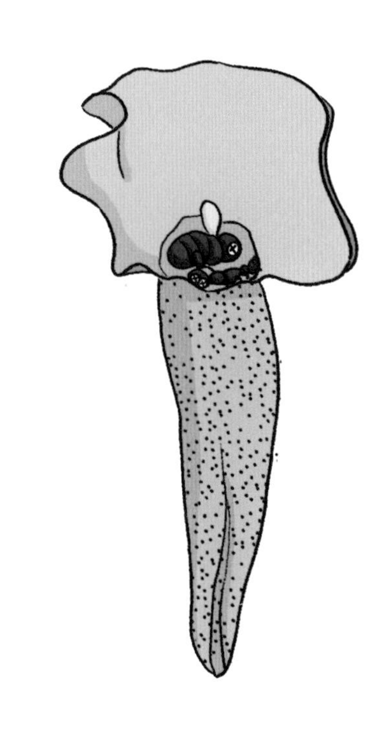

猪笼草

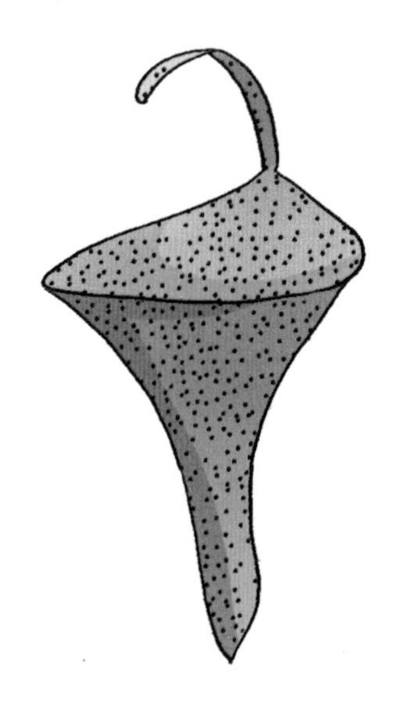

猪笼草是猪笼草属全体物种的总称。猪笼草属于热带食虫植物，大多生活在湿度和温度较高的地方，如森林或灌木林的边缘或空地上。其中，无刺猪笼草甚至可以不接触土壤，而作为附生植物生长于树木上。

猪笼草的叶子一般为长椭圆形，每片叶子上长着一根又长又卷的胡须，连接着一个有着胖胖的大肚子的“瓶子”，这个“瓶子”就是它的捕虫笼。因为这个“瓶子”长得很像猪笼，所以人们称其为猪笼草。猪笼草的捕虫笼看起来也很像酒壶，所以我国海南地区的人们又称其为“雷公壶”。

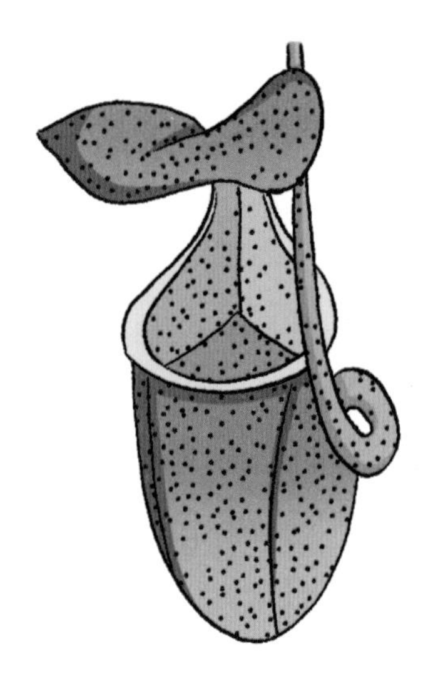

捕虫笼最开始是黄褐色的，比较扁平，长到 1~2 厘米时，渐渐转为绿色或红色，并开始膨胀。在笼盖打开前，捕虫笼上就已出现了其特有的颜色、花纹和斑点。在笼盖打开后，笼口处会继续发育，变宽、变大，并会向外或向内翻卷，同时开始呈现其他色彩，某些捕虫笼的唇上还会带有不同颜色的条纹。这个时候的捕虫笼已经成熟了，可大展身手“猎杀”昆虫。

猪笼草的捕虫笼是其捕食昆虫的秘密武器，其捕虫的过程和瓶子草差不多。猪笼草的叶片、叶茎和捕虫笼上都均匀地分布着引路蜜腺，这些蜜腺分泌的蜜液“香甜可口”，是为昆虫们准备的“甜蜜陷阱”。

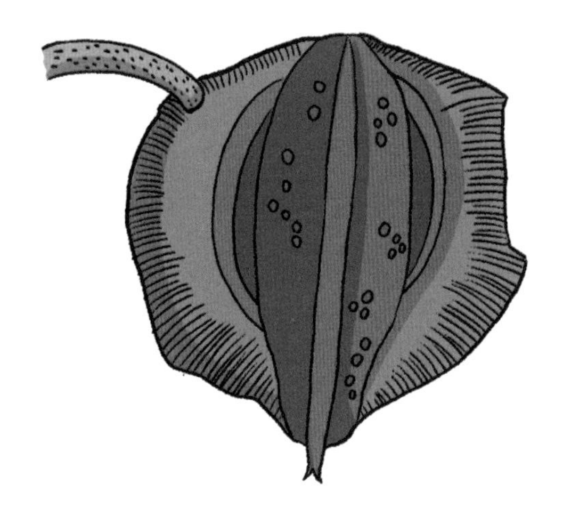

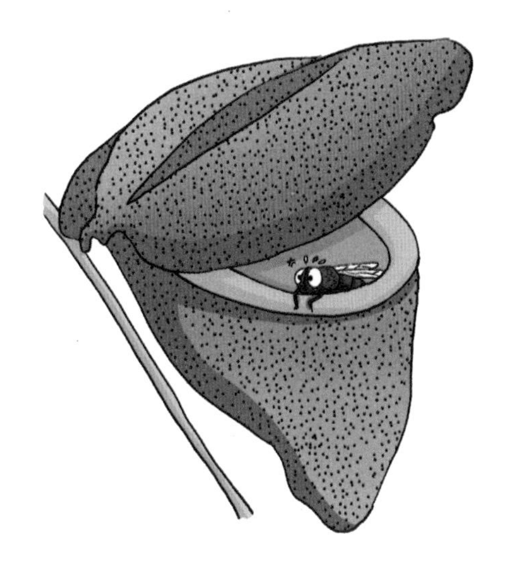

闻香而来的昆虫会在蜜腺的引导下不知不觉地来到光滑的笼口，由于笼口十分光滑，昆虫很容易滑落到“瓶”内，被“瓶”底分泌的消化液淹死。这些消化液将分解出昆虫的营养物质，为猪笼草提供美味的营养餐。

猪笼草的每片叶子只长一个捕虫笼，如果某一个捕虫笼被破坏了，或者自然衰老导致其枯萎了，这个捕虫笼原本生长的叶子上便不会再长出新的捕虫笼了。

在东南亚地区，当地人会将苹果猪笼草的捕虫笼作为容器烹调“猪笼草饭”，他们将米、肉等食材塞入捕虫笼中并蒸熟，就像蒸粽子一样。猪笼草饭是当地的一种特色食品，颇具东南亚风味。

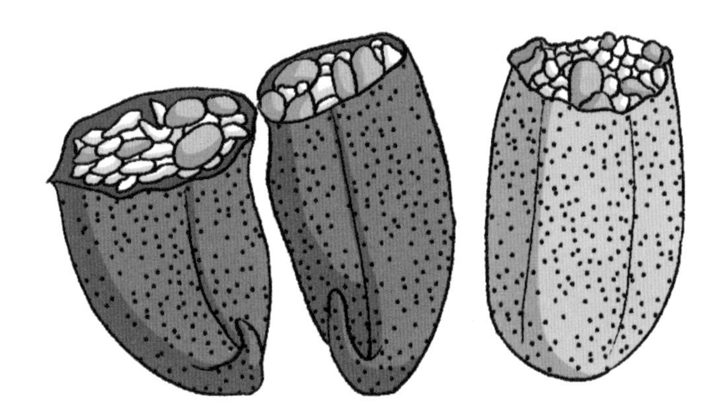

第三章　我们可入药

板蓝根

说起板蓝根，大家一定不会陌生，这是很多家庭的常备药品。板蓝根是一种中药材，中国各地均产。板蓝根具有清热解毒、预防感冒和利咽的功效，在临床上抗病毒、抗菌的作用明显。其使用量之大，可以说是中成药之最。

板蓝根的退烧作用是通过杀灭人体内的病毒、细菌等病原体，清除引起发烧的过氧自由基和热原等因素而实现的。人在低烧的情况下，服用板蓝根等中成药，不仅能够有效退烧，还能够促进身体的康复和增强免疫力、抵抗力。

中医学把感冒分为风寒型感冒和风热型感冒两大类。患者在发烧初期服用板蓝根，配合对症处理，可大大提高治疗效果。然而，板蓝根虽有抗病毒的作用，但如果患者在患感冒后不顾季节的不同、致病因子的不同，以及夹湿、夹暑、夹燥等因素的不同，一味地用板蓝根治疗，是不科学的。

由于板蓝根的生物特性，它必须经过一个冬天的低温蛰伏，积蓄足够多的养分才能在来年开花结籽。因此，聪明的人们充分利用这一特性，将播种的时间定在春夏两季，这样只需要 5~7 个月就可以收割板蓝根的叶子和根了。

板蓝根虽是很好的中药材，但人不能大剂量、长期服用板蓝根。板蓝根的毒副作用虽然很小，但是用的时间长了、吃的多了，就会积“药”成疾，反而酿成后患。

甘草

甘草是一种补益中草药，是对人体很好的一种药。其药用部位是根及根茎，药用部分的根茎呈圆柱形。根的外皮松紧不一，表面呈红棕色或灰棕色。

甘草喜欢阳光充沛、日照长的干燥气候，多生长在干旱、半干旱的荒漠草原、沙漠边缘和黄土丘陵地带，在河滩地里也易于繁殖。它适应性强，抗逆性也强，具有喜光、耐旱、耐热、耐盐碱和耐寒的特性。在我国，甘草多生长在西北、华北和东北等地。

甘草不仅是良药，还有“诸药之王”的美称。甘草的气味微甜，其所含的甘草甜味素是一种重要的解毒物质。甘草药性温和，其功效主要表现为清热解毒、祛痰止咳、补脾和养胃等。

此外，甘草还可以用于调和某些药物的烈性，做缓和剂。现代常用甘草制剂来治疗胃及十二指肠溃疡。甘草还有利尿的作用，常作为治疗热淋尿痛的辅助药。因此，甘草又被誉为中草药里的“国老”。

除了药用价值，甘草中的甘草甜味素也是非常常见的食品添加剂。甘草甜味素的甜度远高于我们常用的蔗糖的甜度，但由于它的口感与蔗糖略有不同，所以在使用过程中往往会根据不同需求搭配蔗糖、果糖等天然糖类调和使用。

除了以上的应用，甘草在食品中还有乳化、抑制不良气味的作用等。

金银花

在本草纲目中，关于金银花的描述有这样一段话：“三月开花，长寸许，一蒂两花。花初开白色，二三日后变黄，黄白相映，新旧相参，故称金银花。”这段话交代了金银花名字的由来，三月开花，一个花梗上通常开两朵花。刚开花的时候，花朵呈白色，洁白如银，两三天后花朵变黄，灿黄如金。由于开花时间不同，花朵黄白相间，因此这种植物才叫作金银花。

金银花作为多年生半常绿木质藤本植物，其生命力非常强健，既耐旱也耐涝，虽然喜光但也耐阴，更重要的是金银花的植株可以抵抗 -30℃的低温、坚韧生长，因此金银花又名忍冬。

金银花的花蕾呈棒状，上粗下细，又因为金银花一蒂二花，花蕊探在外面，成双成对，形影不离，就像雄雌相伴的鸳鸯，所以又有“鸳鸯藤”之称。金银花的果实呈圆形，直径约为 6~7 毫米，成熟后颜色呈蓝黑色，种子呈卵圆形或椭圆形。

金银花自古以来就以它的药用价值闻名于世，被誉为清热解毒的良药。它甘寒清热而不伤胃，芳香透达又可祛邪。金银花既能宣散风热，又能清解血毒，广泛用于各种热性病，如发热、发疹、发斑、热毒疮疖、咽喉肿痛等的治疗，效果显著。在我国，金银花作为一种中药材，有着严格的等级划分，花蕾越完整，其等级就越高。

金银花的适应性很强，对土壤的要求不高，但湿润、肥沃的深厚沙质土壤最适宜种植金银花。它们一般生于山坡灌丛或疏林、乱石堆中，在路旁及村庄篱笆边也能生长。

金银花的最佳采收时间是在它含苞待放时，也因此有“10 分开花，9 分采”的说法。有研究显示，一般情况下，金银花在一天之内11点左右的绿原酸含量最高，因此金银花的采收大多是在上午进行的。

采收得过早或过晚都会影响金银花的品质，这就要求人们把握好采收时间。再加上刚采到的金银花不宜翻动，这对金银花的采收又有了进一步的要求。这也是为什么在我国金银花已有上千年的药用历史，至今却仍依赖于人工采收。

根据《中华本草》（1999）的记载，不算其他少数民族的用药，我国共有8980味中医药物，这些中医药物组成了无数救命良方，至今仍在使用。金银花在中药配方中的作用不容小觑。有人查证，约有1/3的中药配方中都含有金银花。

人参

人参喜欢阴凉、湿润的气候，多生长在昼夜温差小的阔叶林或针叶阔叶混交林下，并且生长得极为缓慢。生长了 50 多年的人参在干燥后也许只有十几克重。人参是一种多年生草本植物，主根呈圆柱形或纺锤形，根须细长。由于这种植物的全貌颇似人形，所以才被称为人参。

人参自古以来就拥有“百草之王”的美誉，更被医学界称为滋阴补肾、扶正固本之极品，是闻名遐迩的“东北三宝”之一。人参的品类众多，产自中国东北长白山的人参多是珍品，吉林的“森娃娃”等更是驰名中外、老幼皆知的名贵药材。可惜现在的野生人参已经很难找到了，日常所见的人参主要是人工栽培出来的。

野山参号称人参中的极品。我国有一套专门用来鉴别野山参的等级的质量标准，即《野山参鉴定及分等质量》（GB/T 18765-2015）。该标准要求至少自然生长于深山密林 15 年以上的人参才能被称为野山参。野山参的鉴别方法讲究“五形”和“六体”，即根据野山参的形状和体态鉴别其品质。

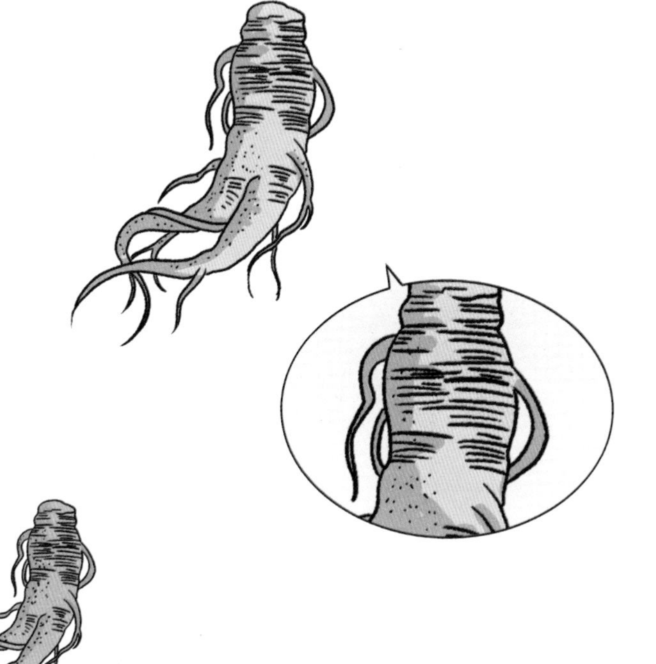

人参

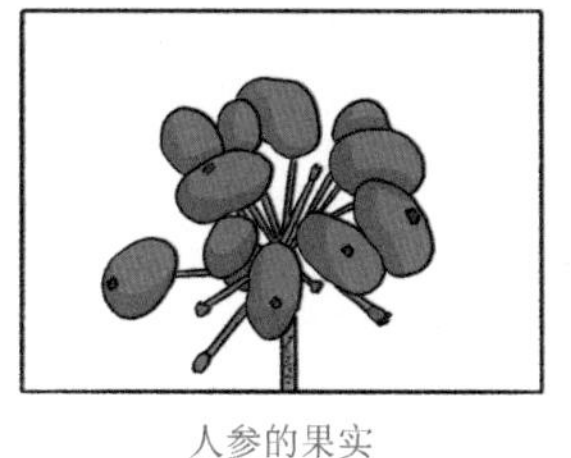

人参的果实

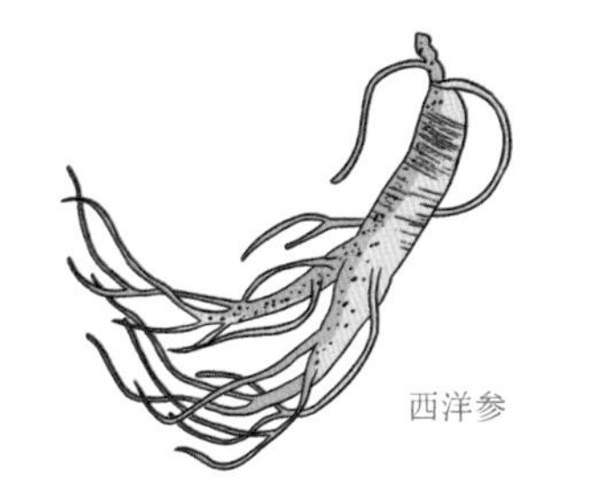

西洋参

人参、三七、西洋参从植物分类学角度来看，属于近亲。其中，野山参对生长环境的要求最为严格，环境稍有改变就可能导致野山参死亡，也因此“一参难求”。

三七

人参渗出的汁液可被皮肤缓慢吸收，一般不会对皮肤产生不良刺激，还能扩张皮肤的毛细血管、促进血液循环、增加皮肤营养、调节皮肤的水油平衡，以及防止皮肤脱水、硬化、起皱。

三七

三七，又名田七，是我国特有的名贵中药材，也是我国最早的药食同源植物之一。

三七在我国有着几百年的药用历史，关于三七的药效一直有着“北人参，南三七”的说法，三七在中药界的地位可见一斑。

三七最出名的产地是云南省的文山州，因此此地产的三七又名文山三七。文山三七之所以出名，是因为文山独特的地理位置非常适合三七生长。文山州全年的温差变化很小，夏季温暖但阴湿，全年既无严寒，也无酷暑，非常符合三七在生长过程中对环境的要求。另外，文山州所处的海拔地区是三七最理想的生长区间。这样的综合地理环境因素，造就了质量上乘的文山三七。

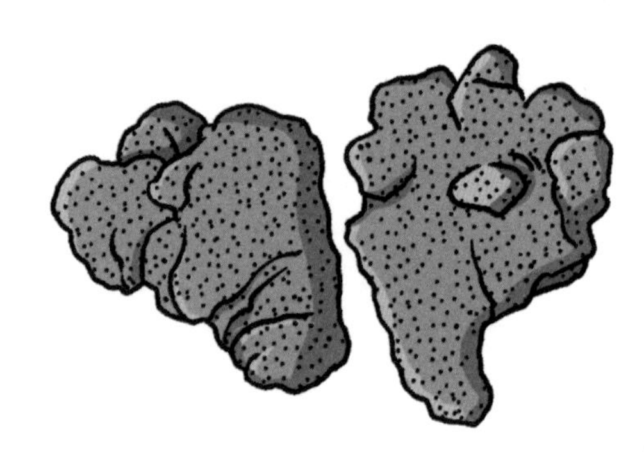

在《本草纲目拾遗》中关于三七的记载有这样一段话:“人参补气第一，三七补血第一，味同而功亦等，故称人参三七，为中药中之最珍贵者。”由此可见，三七在中药界的地位和人参是旗鼓相当的，都是非常名贵的中药材。我们熟知的云南白药等驰名中外的中成药的主要成分也是三七。

三七在人工培育过程中，通常生长周期为 3 年。如果三七和人参齐名，为什么人们不像培育人参那样培育生长时间更久的三七呢?

其实 3 年生的三七是科学家们通过不断地实验、研究，最终得出的最经济、高效的培育方式。原因就在于两年生的三七不仅产量较低，药材的质量也比较差，三七中有效成分的含量不高，达不到药效要求，没有药效的三七也就没有了药用价值。而 4 年生的三七从经济角度来看，种植成本增加了一倍不止。三七的生长过程本就对种植技术的要求非常高，需要耗费大量的人力物力，再加上三七在种植 3 年以后就会极易发生病虫害，一旦发生大规模的病虫害，前面 3 年的努力也会付诸东流。在这样苛刻的生存条件下，3 年生的三七既能满足药效要求，也没有那么多的病虫害，因此成为人工种植三七的主要方式。

薄荷

薄荷是多年生草本的宿根植物，别名是“野薄荷”和“夜息香”，还有一个“银丹草”的土名。薄荷不仅味道清新，还给人一种辣辣的、冰冰凉凉的感觉。

薄荷的植株表面覆有柔软的细毛。薄荷的叶片大多呈椭圆形，前端略尖，末端较圆，叶片的边缘为锯齿形。薄荷的花生长在茎秆顶端，花簇呈球形，花朵的颜色为白色或淡紫色，花瓣为长圆形。

薄荷的叶片表面有油腺，这是储存薄荷油的主要部位。一株薄荷的薄荷油 98% 以上来源于叶片。薄荷油及其衍生品被广泛应用于各类化妆品、食品、药品及其他用品。亚洲薄荷油是用途最广和用量最大的天然香料之一。中国则是薄荷油、薄荷脑的主要输出国之一。

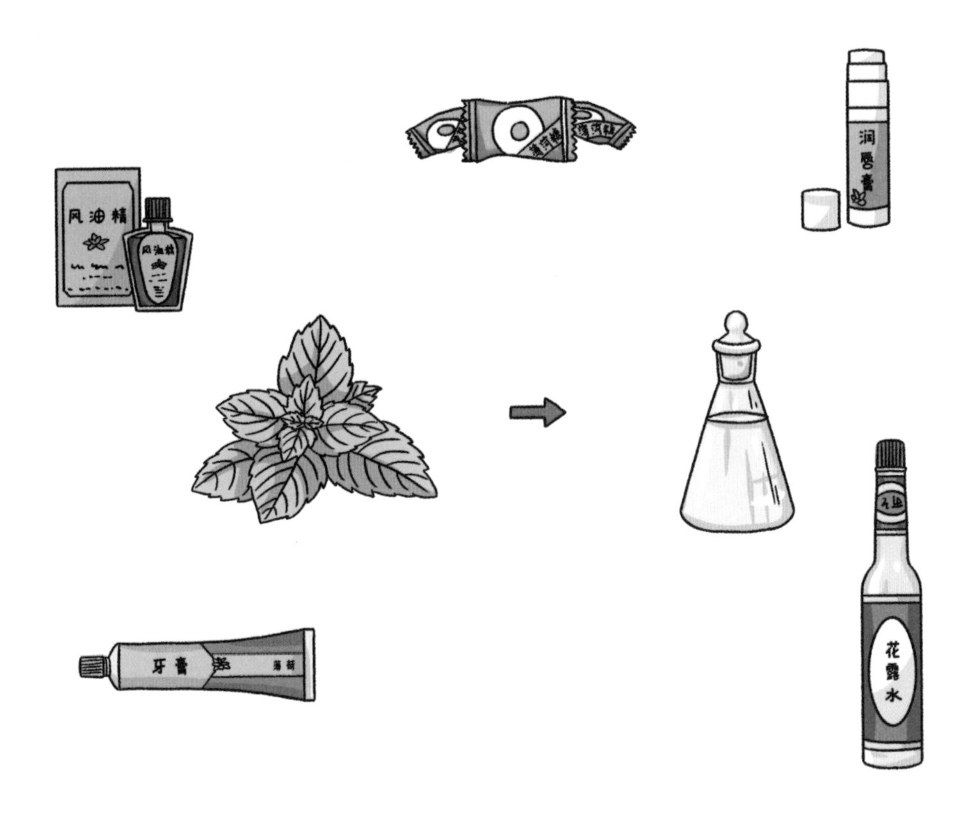

薄荷是一种重要的香料植物，在我国主要分布在江苏等沿海地区。薄荷整株都散发着一种特殊的香味，这是其体内含有薄荷醇的缘故。高纯度的薄荷醇的药用价值相当高。

薄荷的应用广泛，不仅可以添加在各种糕点、糖果、酒类等食品中增加食物风味，刺激人们的进食欲望；还能添加在日常清洁用品里，如牙膏、杀菌剂、面巾纸等，起到消除异味、清新空气的作用。

薄荷多生长于山野、湿地、河流旁，根茎横生地下。在自然生长的情况下，薄荷每年开花一次。

薄荷可供食用的部位主要是茎、叶，这些部位也能够用于榨汁。薄荷不仅能够用来调味，还可以冲茶和配酒。薄荷作为中药使用已经有了很长一段历史，整株都可以入药，对治疗感冒发热、头痛、肌肉痛和麻疹不透等病症都有不错的疗效。

在“薄荷界”，除了常常被当作食物的薄荷，还有一种非常出名的“李鬼薄荷”，也就是猫薄荷。猫薄荷其实并不是薄荷，但是它长得很像薄荷。猫薄荷实际上是荆芥属的植物，它之所以能吸引猫咪，是因为猫薄荷中含有一种叫作荆芥内酯的物质。这种物质可以吸引猫咪的注意，猫咪在闻到这种气味后会表现出如痴如醉、欲罢不能的状态，憨态可掬。

第四章　我们超耐旱

百岁兰

百岁兰，又叫千岁兰，是裸子植物中唯一的草状木本植物，十分罕见。如今的百岁兰主要分布于安哥拉和纳米比沙漠一带，然而科学家通过化石发现百岁兰曾经广泛分布于巴西、葡萄牙等地。

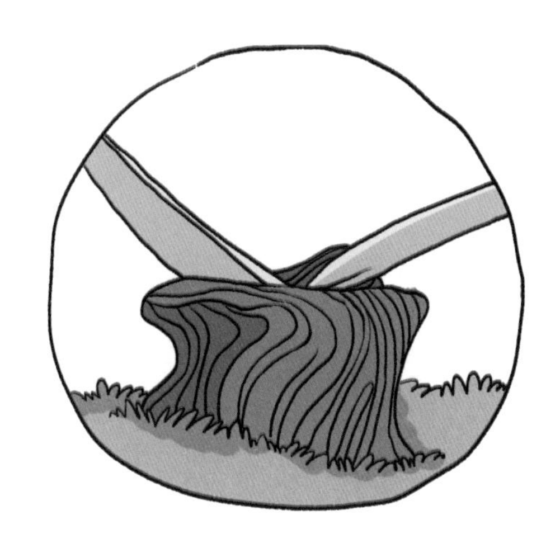

百岁兰的形状十分奇特，其叶似皮带，靠近树干的部分既硬又厚，而叶尖部分又软又薄，两片叶子各自朝相反方向延伸。百岁兰的叶子匍匐在地上，每一片叶子宽几十厘米，一般长度可达到 3 米左右，有时甚至可达 6~7 米。

它的两片叶子长出后，就再也不会长出新叶子了，与整棵植株一起生存多年。经过碳年代测定法测定，百岁兰的平均寿命能达几百年，甚至一些大的百岁兰标本被认为有上千年的历史。

科学家们通过研究发现，百岁兰的遗传、进化与近一亿年来地质、环境的剧烈变化，以及长时间的高温和干旱的影响密切相关。环境的剧烈变化使得百岁兰逐渐趋于“低能耗”的生存模式。为了适应气候的变化，百岁兰在岁月的变迁中逐渐演化出了可以在世代交替的生命演化中完整保存基因组的能力。缓慢的细胞生长速率使百岁兰的两片叶子可以缓慢而健康地生长，为了在极端干旱的环境中生存下来，百岁兰的叶子也形成了如今高度木质化的结构。

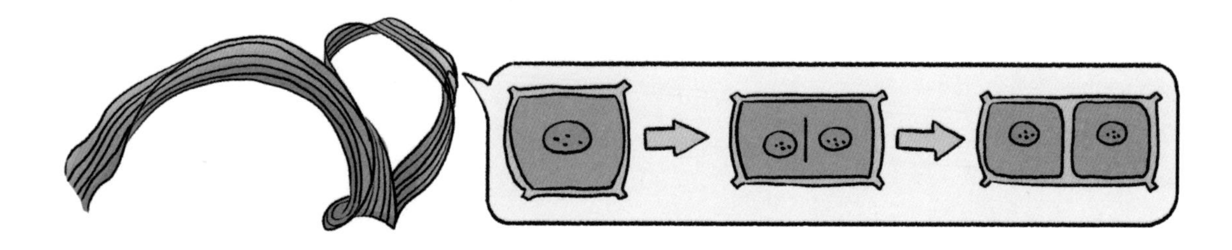

百岁兰的木质茎非常短，且不分枝。通常情况下，一株百岁兰上会长出两片叶子（极少数百岁兰会长出3片叶子）。这些叶子呈带状，从植株基部开始生长，在漫长的岁月里，叶子会变得扭曲。叶片中有许多平行的叶脉，用以保持叶片的强韧。百岁兰的木质茎会随着时间的变化而逐渐变宽，最终可能会长成一个宽达一米的凹盘。

百岁兰是雌雄异体植物。雄株上生有从粉色到深红色的雄球花，雄球花呈椭圆形且尖端接近圆锥状结构；雌株上生有黄绿色的雌球果，雌球果呈圆形，相比雄球花要更大且有更明显的棱状结构。

雌球果顶端有少量的花蜜，可以吸引昆虫帮助其授粉。

百岁兰的种子有纸状翼，当雌球果完成受精且发育成熟后，百岁兰的种子会随着雌球果的解体随风飘荡。由于这些种子非常容易被真菌感染，因此，即便它们可以存活数年，百岁兰的繁殖率也依然非常低。

胡杨

胡杨，是一种落叶中型天然乔木，耐旱耐涝，生命力强，是自然界稀有的树种之一。长大后，它能长成直径达一米多、高十几米的大树。它的树干通直，木质纤细、柔软。胡杨生长在极旱的荒漠地区，为适应干旱的环境，其幼树嫩枝上的叶片像柳叶一样狭长，大树老枝条上的叶片却像杨树的叶片一样圆润，极为奇特。

胡杨天生就能忍受荒漠中干旱的环境，还能忍耐 45℃的高温。它不仅能抗热，还能抵抗干旱、盐碱和风沙等恶劣环境，对温度大幅度变化的环境的适应能力也很强。由于它生长所需的水分主要来自浅水或河流泛滥水，所以它具有能主动吸水的根部。

我们都知道，在干旱、半干旱地区，气候干燥，水资源匮乏，根系健壮的深根性植物往往比根系浅短的浅根性植物更容易生存。但是科学家发现，在长期干旱的地区，除了根系深厚的胡杨可以适应这样的环境正常生活，部分浅根性植物看起来也没有特别“难过”。通过对植物根系的研究，科学家发现在干旱地区，浅根性植物和深根性植物之间竟然存在着一种奇特的水分供应方面的寄生关系。深根性植物如胡杨在距离地表更深的地区汲取水分，再通过自己位于浅层的根系来释放这些水分，使得浅根性植物在浅层土壤中也能获得生存必需的水分，实现共生。

胡杨是沙漠宝树。它的木料耐水、抗腐，历千年而不朽，是上等的建筑和家具用材。楼兰、尼雅等沙漠古城的胡杨建材至今仍保存完好。而且，胡杨的木纤维长，是造纸的好原料，其枯枝也是上等的燃料。另外，胡杨的树叶富含蛋白质和盐类，是牲畜越冬的上好饲料，它的嫩枝是荒漠区的重要饲料。

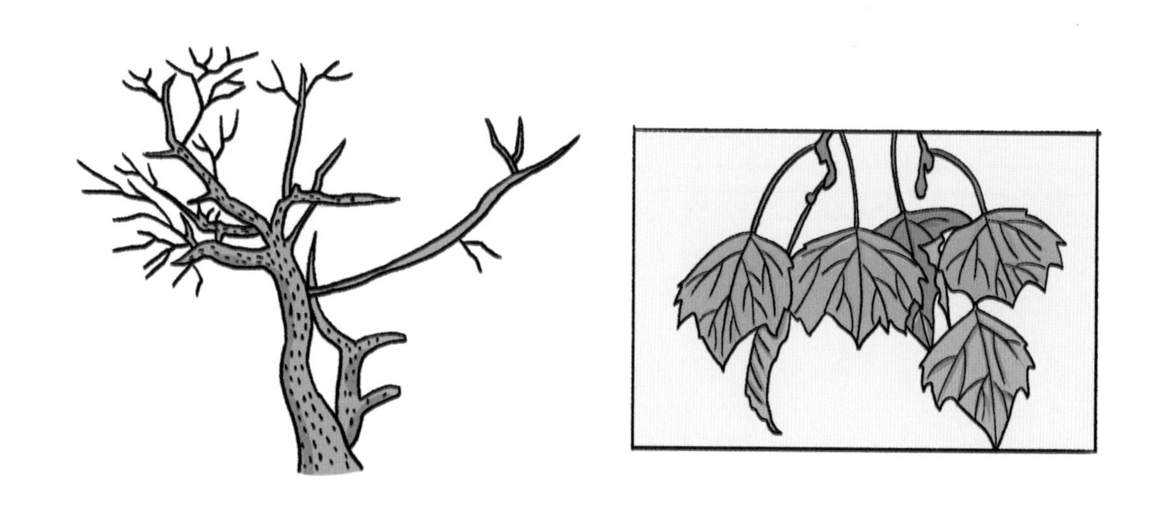

胡杨有一个外号叫作“三千岁”。传说胡杨“活一千年不死，死一千年不倒，倒一千年不朽”。实际上胡杨的寿命通常为 100~300 年，最长也不超过 500 年。它的千岁传说是基于胡杨无性繁殖的特性而来的。胡杨的地下根系十分发达，在水资源丰富的时期，它可以从根部长出不定芽，穿破土壤形成新的植株，远远看去一大丛，使人误以为祖祖辈辈看到的都是同一棵树。而胡杨“千年不倒”是因为它的根系十分发达，在地下形成了一片非常壮观的网状结构，牢牢抓住土地，以至于就算胡杨干枯死亡，胡杨的根系也不容易轻易断裂。至于胡杨“千年不朽”，更是基于沙漠地区得天独厚的气候环境，高温加上干旱，地表的微生物数量微乎其微，没有微生物的分解，生物死亡后躯体得以完整保存，也就形成了“千年不朽”的奇观。

骆驼刺

骆驼刺是一种豆科植物，通常为多年生草本或半灌木。骆驼刺的植株高 25~40 厘米，枝叶从基部开始分化，叶腋处长有硬硬的长刺，叶片呈卵形、倒卵形或倒圆卵形。骆驼刺的根系十分发达，通常可达十几米。据说骆驼刺是因为沙漠中的骆驼以其为食而得名。

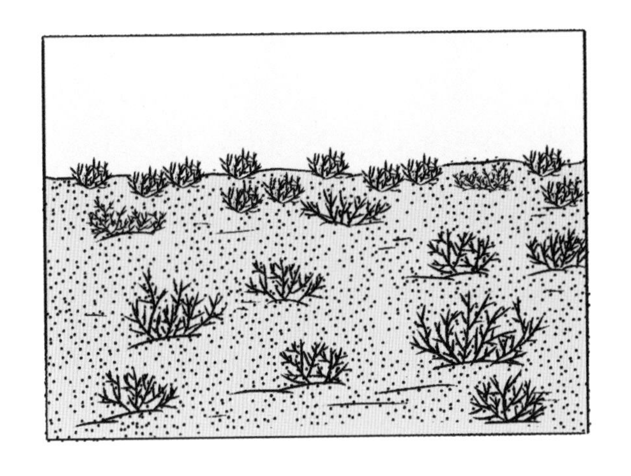

为了适应干旱的环境，骆驼刺尽量使自己的地面部分长得矮小，往往长成半球状。大的一丛直径有 1~2 米，一般的一丛直径也有 0.5 米左右，小的则星星点点地分布，不计其数，望不到边，几乎霸占了整个沙漠。

骆驼刺的种子萌发后，其根系便会拼命地向地下迸发，以获取充足的水分。除了垂直方向的扎根，骆驼刺的根系也会在水平方向上延伸。在水源充足的情况下，有的根系上生出的不定根会萌发出新的幼苗。这种自我克隆的无性繁殖方式是骆驼刺适应干旱环境的重要利器。

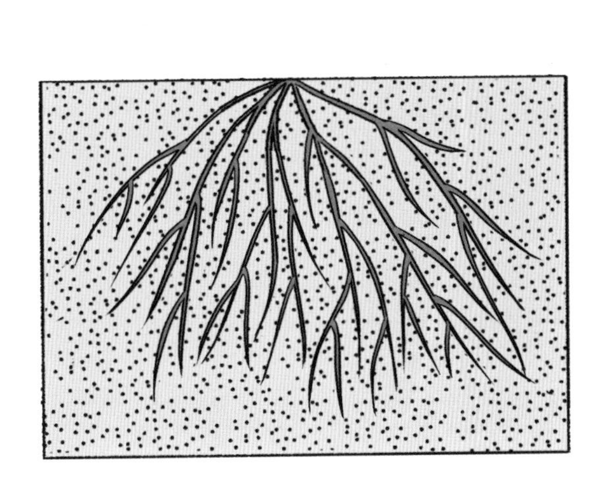

骆驼刺的存在与生长对于维护其生长地脆弱的生态系统有着重要的价值。骆驼刺具有抗寒、抗旱、耐盐和抗风沙的特性，并具有适应性强、分布广、面积大的特点，在防止土地遭受风沙侵蚀方面具有非常重要的作用。

骆驼刺的叶片能分泌出糖类物质，将叶片凝结出的糖粒干燥后收集起来就是“刺糖”，可用于治疗腹痛、痢疾、腹泻，也是一种滋补强身、平衡体液的民间用药。

在唐玄宗时期，“刺糖”曾是一种贡品——由于这种糖比蜜还甜，又长得非常像琥珀，所以这种糖就成了贡品。当时，古丝绸之路很繁荣，所以这种糖就一路沿着古丝绸之路销售到了中原各地，深受人们喜爱。

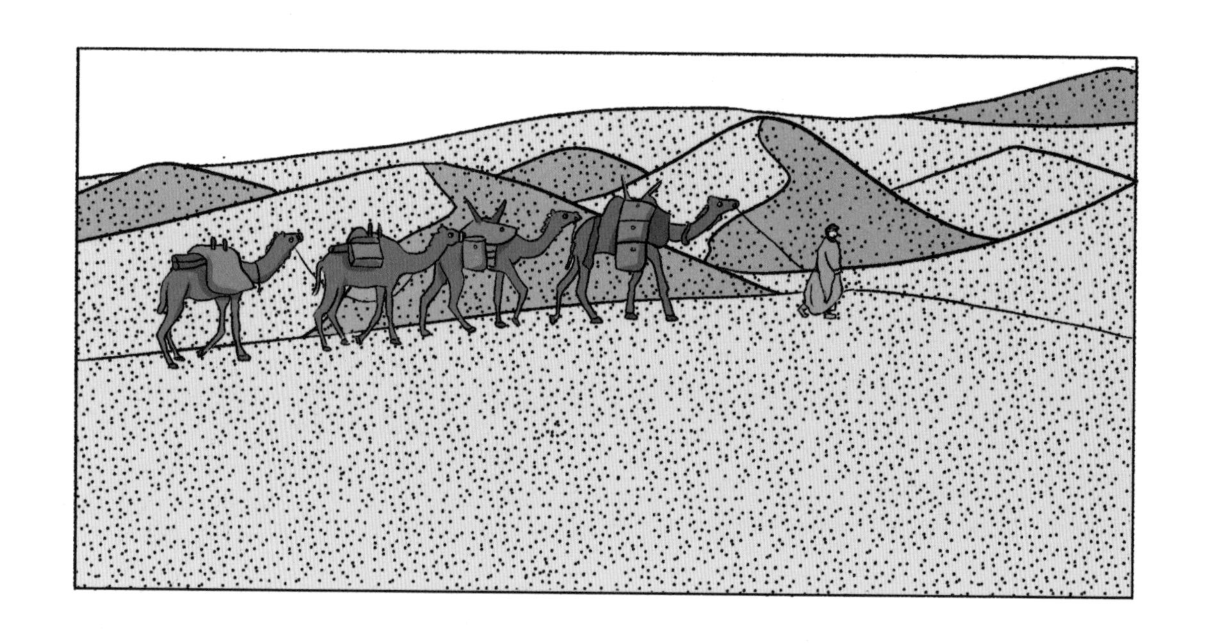

仙人掌

仙人掌是比较常见的一种耐旱植物，它之所以被大众熟知，主要源于它独特的外观——一方面它肉嘟嘟的身躯胖胖的，另一方面它浑身布满了尖刺，让人望而生怯。

仙人掌的品类繁多，大多原产于美洲热带、亚热带沙漠或干旱地区，也有少数分布在海拔 3000 米的高寒地区。

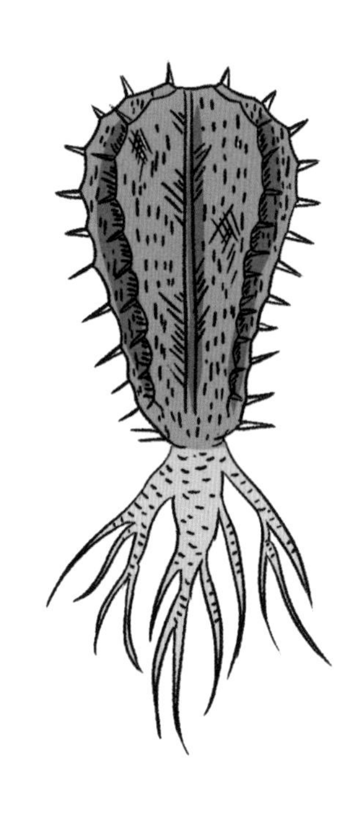

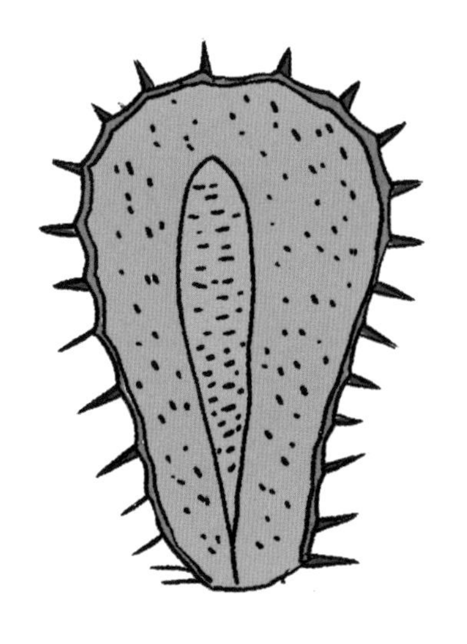

生长在干旱环境里的仙人掌有一种特殊的本领，即在干旱季节，它可以不吃不喝，把体内的养料与水分的消耗降到最低程度。当雨季来临时，它的根系立刻活跃起来，大量吸收水分使植株迅速生长并很快地开花、结果。

仙人掌的表面覆有蜡质层，用以保存植株中的水分，避免水分流失。仙人掌的针状叶除了可以自我保护，还可以减少水分蒸发的面积，以在干旱的环境下最大限度地保存体内的水分。而仙人掌胖嘟嘟的身躯就成了它的“蓄水池”，这座“蓄水池”不像其他植物的枝干有着固定的形态，仙人掌的枝干会根据水量的多少呈现出膨胀或收缩两种形态。另外，仙人掌枝干中有叶绿素，因此可以进行光合作用。

仙人掌的根都很浅，只生长在地下一点点。但它的根系十分发达茂密，能扩展到它周围一两米的区域，以便尽可能多地吸收水分。下雨时，仙人掌会生出更多的根；干旱时，它的根会枯萎、脱落，以保存水分。仙人掌以它那奇妙的结构、惊人的耐旱能力和顽强的生命力，深受人们的赏识。

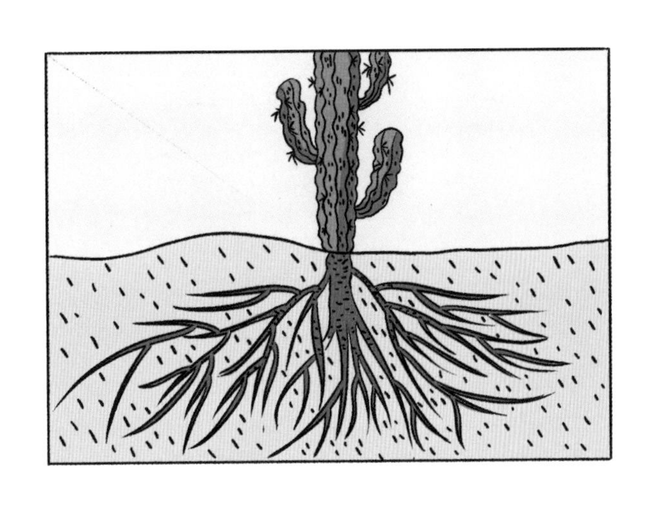

仙人掌科植物是一个大家族，它的成员有上千种。仙人掌不但品类繁多，形态也各异。其中在墨西哥分布的种类最多，因此墨西哥素有“仙人掌王国”之称。

仙人掌的花也是各种各样的，在条件适宜的情况下，大多数仙人掌都会开花，但是由于仙人掌的花期较短，在野外环境下人们很难一睹它的真容。

通常情况下，仙人掌会在雨后迅速地开花并结出果实，留下种子。对于很多不产子球的仙人掌而言，播种是其唯一的繁殖方式。

仙人掌在中国作为药用植物首载于清代赵学敏所著的《本草纲目拾遗》。该书记载，仙人掌味淡、性寒，具有行气活血、清热解毒、消肿止痛、健脾止泻、安神利尿的功效，可以内服外用治疗多种疾病。仙人掌主要用于治疗疔疮肿毒，此外还可以用于治疗胃痛、痞块腹痛、急性痢疾、肠痔泻血、哮喘等。

仙人掌也被称为“夜间氧吧”，因为它的呼吸多在晚上比较凉爽、潮湿的时候进行。不仅如此，仙人掌还是吸附灰尘的高手呢！在室内放置一棵仙人掌，特别是水培仙人掌，可以起到净化空气的作用。

第五章　我们会“流泪”

龙血树

龙血树，是一种热带常绿乔木，大多分布于海拔较高的石灰岩地区。它的高度可达 20 米，树干粗短，树皮纵裂、较粗糙，呈现出一副老态龙钟的样子。但它的枝、叶非常繁茂。龙血树的叶子青翠欲滴，整个树冠非常美丽。龙血树的花非常小，颜色为白绿色，浆果呈橙色。

在植物界，龙血树的生命周期是最长的，但它的生长速度却异常缓慢，一年之内树干直径增加不到 1 厘米，几百年才能长成一棵大树，开一次花需要几十年。因此，龙血树十分珍贵、稀有，被植物学家们誉为“植物活化石”。

龙血树在白垩纪就已经出现了，那是一个恐龙横行的时代。目前人类发现的最长寿的龙血树至少有 8000 年的树龄，是名副其实的“万岁”。

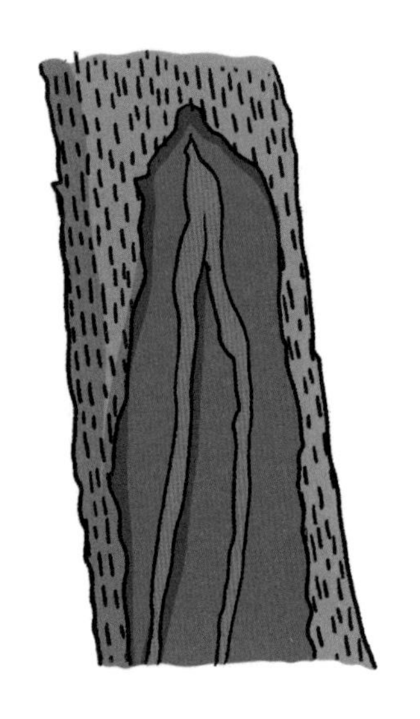

2001 年，我国将龙血树列为二级珍稀濒危保护植物，列入《中国植物红皮书——稀有濒危植物》中。自此，受利益驱使对龙血树乱挖乱伐的行为才得以遏制。

龙血树受伤后会流出一种血色的液体，这种殷红的汁液像人体的鲜血一样，龙血树因此而得名。其实，这种红色的液体是一种树脂，是名贵的云南红药——血竭（又名麒麟竭）的主要成分，有活血化瘀、消肿止痛、收敛止血的良好功效，既可内服，又可外用，与云南白药齐名，还是著名药品“七厘散”的主要成分。李时珍在《本草纲目》中誉之为“活血圣药”！

另外，龙血树中流出的“龙血”还是一种很好的防腐剂和油漆原料。

浪漫的人类曾经为龙血树编织过一个奇幻的传说。相传在巨龙与大象交战的时候，受伤的巨龙血洒大地，地面流经龙血的地方生出了这样奇特的树。时至今日，当龙血树受伤的时候，依然会像当年那场大战一样，从树干中流出“龙血”。

在我国常用的祝寿词“福如东海长流水，寿比南山不老松”中，“南山不老松”指的便是位于海南省三亚市南山的龙血树。在海南省三亚市南山一带生长着上千棵龙血树。

漆树

植物界中有一种树会“咬人”，这就是漆树。漆树是天然的油料树和涂料树，被称为“涂料之王”。漆树的长速快，材质好，树干可以取蜡，种子可以榨油，总体而言，漆树是一种集木材、油料及天然涂料等多种用途于一体的优良树种。

割开漆树的树皮，我们会看到从伤口处流出的一种灰乳色的液体，这种液体其实是漆树的树脂，也就是我们常说的生漆。天然生漆独特的物理特性使其具备黏合、防腐等作用。生漆氧化后独特的光泽使其自古以来就是皇亲贵胄们钟爱的装饰涂料。

从漆树上取出的生漆在与空气接触后会氧化成栗壳般的红褐色。经过一段时间的放置，干涸后的生漆的颜色会越发深沉，变为深褐色。彻底干燥后的生漆具有极佳的抗酸碱和耐腐蚀性，可以长久保存被涂抹的物体，防止其受潮或变质。因此，生漆常用作海底电缆、漆包线等电器设备的良好绝缘材料，以及保护车船、建筑的防腐剂等。

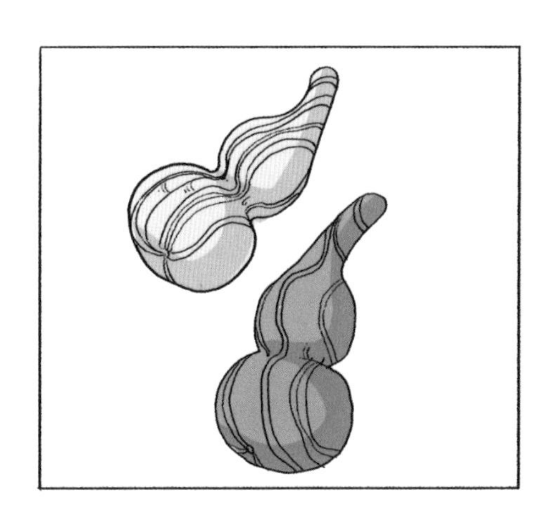

我国是世界漆树资源最丰富、分布最广的国家，秦岭、大巴山、巫山、武陵山、大娄山、乌蒙山及邛崃山一带都是我国漆树的分布中心。漆树的栽培在我国有 2000 多年的历史，在春秋时期，我们的先人就已经开始采漆、制漆，到了西汉时期，我们的先人已经掌握了漆树的种植技术，开始大面积种植漆树。

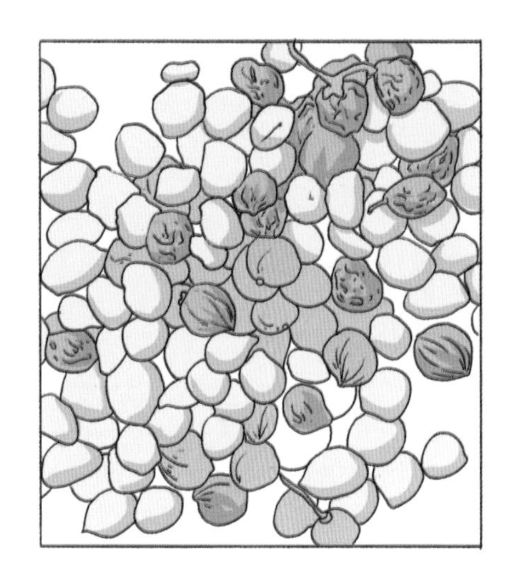

漆树不仅可以产漆，它的种子还可以榨油，果皮可以做蜡。漆树是生长迅速又坚实的木材，可以用来做家具及装饰品。漆树对土壤条件的要求不高，只要在背风又向阳的山地上就能活七八十年。少数漆树的寿命可超过百年，这是因为它的萌芽力较强，树木衰老后又可萌芽更新。

之所以说漆树会“咬人”，是因为生漆中含有一种叫作漆酚的物质，这种物质会使部分人群出现接触性过敏皮疹，极个别人甚至仅仅闻到生漆的味道就会产生过敏反应。易过敏的人最好不要直接接触生漆。一旦过敏，便会浑身起疹子，并伴随着烧痛感，又痛又痒，这种情况一般会持续一周左右。

一般情况下，从接触到病发，会有几个小时到几天的潜伏期，病发时会浑身起疹子，又痛又痒，十分难受！脸、手、脚等处都有可能红肿。如果得不到及时的救治，到了后期全身都会溃烂，甚至有可能出现生命危险！如果误食，则会引起强烈刺激，产生如口腔炎、溃疡、呕吐、腹泻等症状，严重者可导致中毒性肾病。

橡胶树

橡胶树，原产于南美洲热带雨林，属于比较典型的热带雨林树种，1904 年来到我国。我国的橡胶树种植区主要分布在海南、广东、广西、福建、云南等地，其中海南为主要的橡胶树种植区。

在亚马孙丛林深处，古印第安人发现了一种神奇的树，当它的树皮出现损伤时，从伤口处会一滴一滴地流出乳白色的液体，这样的情形看起来就像树木在为自己的受伤而流泪。因此，古印第安人也将这种树称为“会哭的树”，这就是我们如今认识的橡胶树。不过古印第安人并没有因为这种树的“哭泣”而“手下留情”，因为他们发现从树木中流出的“眼泪”干燥后能起到防水的作用，也因此开发了很多橡胶制的产品，如橡胶碗、橡胶瓶等。

橡胶是一种重要的工业原料，世界上使用的天然橡胶绝大部分来自橡胶树。天然橡胶具有很强的弹性和良好的绝缘性，还具有可塑、隔水、隔气、抗拉和耐磨等特点，因此被广泛运用于工业、国防、交通、医药卫生领域和日常生活等方面。

橡胶树喜欢高温、高湿、土壤肥沃的生存环境，在它生活的热带地区，橡胶树可以长到 30 米左右的高度。橡胶树的树叶为三出复叶，因此也称三叶橡胶树。橡胶树的内部有很多网状的组织，这些组织纵向延伸出一个个乳胶导管，可以产出白色或黄色的乳胶。

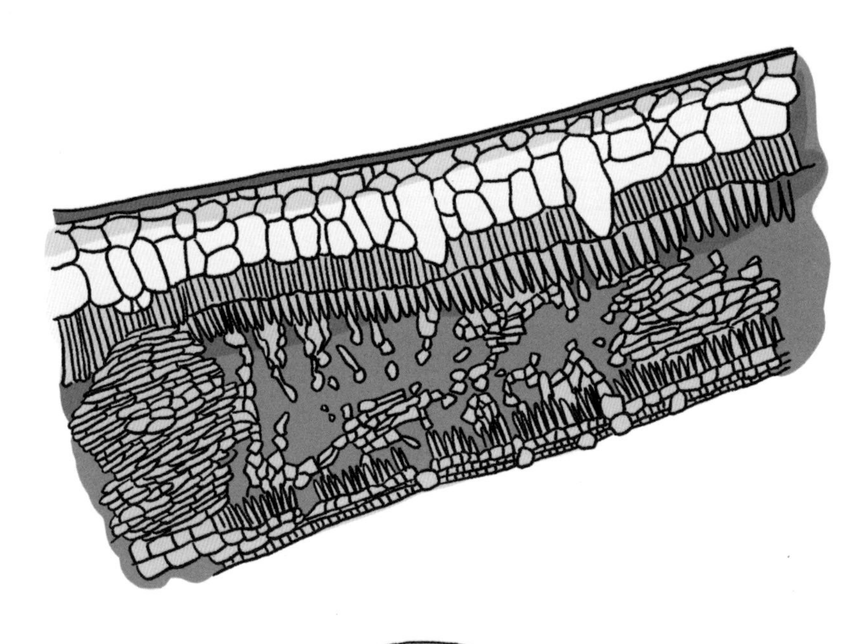

用橡胶树的种子榨成的油，是制造油漆和肥皂的原料。橡胶果壳可制成优质纤维、活性炭、糠醛等。橡胶木的材质轻、花纹美观、加工性能好，经化学处理后可制作成高级家具、纤维板、胶合板等。

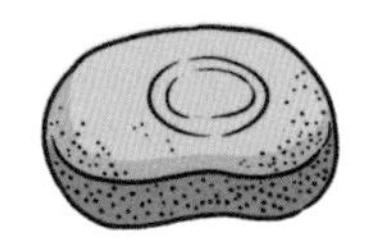

橡胶作为无污染、可再生的优质自然资源，不仅在工业发展领域发挥了巨大作用，其对于环境改善的作用也不容小觑，漫步在橡胶林犹如漫步于天然氧吧。

虽然橡胶的作用如此之大，但橡胶树的种子和树叶都有毒。误食橡胶树的种子会出现恶心、呕吐、腹痛、头晕、四肢无力等症状，严重时还会出现抽搐、休克等反应。

胭脂树

胭脂树，也称红木，是红木科红木属的植物。红木科的植物在全世界范围内仅有 3 属 6 种，而我国只有这一科、一属。胭脂树原产于热带美洲，目前在我国的广西、广东、云南、台湾等地有引入。

胭脂树是常绿灌木或小乔木，高度一般为 2~10 米。胭脂树的枝条呈棕褐色，表面密布红棕色短腺毛。它的叶片呈心形，花序呈圆锥状，粉红色的花瓣中心长有一大丛雄蕊，花形酷似桃花。

胭脂树的叶片根部长有长长的叶柄，叶片前端较尖，基部呈圆形或截断状。

胭脂树的花期从 6 月开始，花朵直径为 4~5 厘米，通常有 5 片花瓣，花药呈黄色。

每年的 10-12 月是胭脂树的挂果期。胭脂树的果实为蒴果，长度约为 2.5~4 厘米。蒴果外部密布着软刺，外形看起来和板栗很相像。蒴果成熟时呈暗红色，当蒴果变为褐色时会自行裂开。

亚马孙流域与西印度群岛的原住居民常常把胭脂树果中紫红色的种子取出来，在掌心沾上唾液搓揉，然后均匀地抹在脸上，脸上会像抹了胭脂一样。这也是称其为胭脂树的原因。胭脂树也能“流血”，要是把它的树枝折断或切开，就会有像血一样的汁液流出来。因此，它与龙血树都被称为“会流血的树”。

第六章　我们是冠军

大王花

大王花是一种肉质寄生草本植物。它生长在热带雨林中，如印度尼西亚的苏门答腊岛地区，每年的5-10月是它最主要的生长季。

大王花是一种十分奇特的植物，它既没有根、茎、叶，也没有绿色光合组织，是一种彻彻底底地寄生在其他植物身上的“寄生虫”。它寄生在葡萄科爬岩藤属植物的根或茎的下部，专靠吸收别的植物的营养生活。

在热带雨林中，全年气候温暖、潮湿，非常适合植物的生长，大王花就生长在这样的环境下。它的出现没有季节的规律，一年四季随时都可以生长，只要达到萌发条件大王花就会悄无声息地探出脑袋。

大王花是世界上“最大”的花，它一生只盛开一次，一次只开孤零零的一朵花，但是这一朵花巨大，让人无法忽视。完全盛开的大王花直径为90~140厘米，花瓣肥厚，仅仅5片花瓣的重量就达几千克。真无愧于“大”王花。

大王花的颜色鲜艳，艳红色的底色上点缀着星星点点的白斑，你可能想象不到，大王花在完全体状态下，其厚达5厘米的肉质花瓣在生长初期也只有乒乓球那么大而已。伴随着大王花的生长，花瓣逐渐打开，不过由于体形巨大，仅仅是开花这么简单的动作，大王花要经历足足两天两夜才能完成。

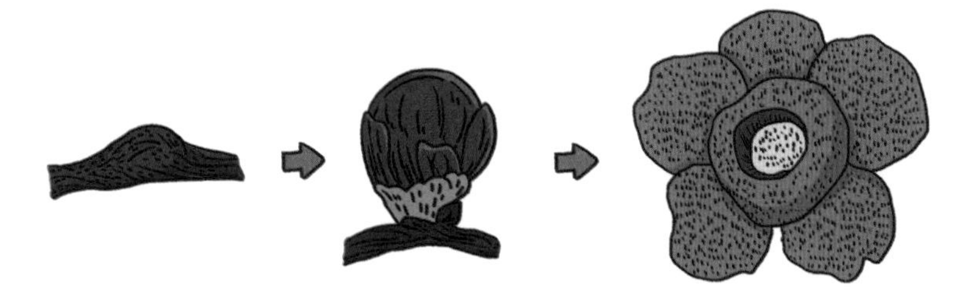

大王花还有一个不太雅致的名字，叫作“腐尸花”。看到这样的名字，你大概可以猜到这个名字的来由。没错，大王花虽然在初绽放时会散发出一点点淡淡的香味，但是很快这股香味就会被随之而来的难以名状的恶臭所取代，而这是大王花为了繁殖所做出的自然选择。由于大王花的主要传粉媒介是苍蝇、甲虫等昆虫，为了吸引这些昆虫的到来，在漫长的生物演化过程中，大王花选择了最能吸引苍蝇或甲虫的类似牛粪或腐肉的气味。这也是大王花的独特之处。

虽然大王花看起来非常肥厚、健硕，但实际上大王花的花期很短，通常不会超过一个星期，短则 3 天左右。开花后的大王花会逐渐腐烂，并且越来越污黑，最后会“化”成一片黏糊糊、黑漆漆的东西。

但并不是大王花所有的花瓣在短短几天之后都会腐烂。受过粉的雌花，会在 7 个月后渐渐形成一个腐烂的果实，里头隐藏着许许多多细小的、可以“繁衍后代”的种子。大王花的花虽然很大，种子却很小，肉眼几乎难以辨别。大王花的种子具有黏性，当它被大象或其他动物踩到时，就会粘在这些动物身上，被带到别的地方生根、发芽、繁殖。

不幸的是，大王花已经濒临灭绝了。由于受到人类采伐木材、开拓种植园等活动的影响，大王花所在的大片雨林正在急剧减少。没有适合的生存环境使得大王花的数量逐年递减，加上传说大王花有药用价值导致它被滥采，更使大王花处在濒临灭绝的险境。

毛竹

说到竹子，大家都不陌生，在庭园曲径、池畔、溪涧、山坡，甚至室内，都能观赏到它。但有一种竹子很特别，它的壳上带有很多细毛，人们稍不注意，就会将这些细毛蹭到手上，这种竹子被称为毛竹。

竹与松树、梅并称“岁寒三友”，毛竹在寒冬时节仍保持着顽强的生命力。毛竹除了有顽强的生命力，还有一项特殊技能——如果要在植物界举办一场有关生长速度的比赛，获胜的一定是毛竹。

那么，毛竹究竟能长多快呢？毛竹的嫩芽叫作竹笋。刚刚长出来的竹笋只有几十厘米，但只要两个月的时间，它就能长到 20 米，有六七层楼房那么高。在生长高峰期，毛竹一整天就能长高 1 米。因此，人们常常用“雨后春笋”来比喻新事物大量出现。

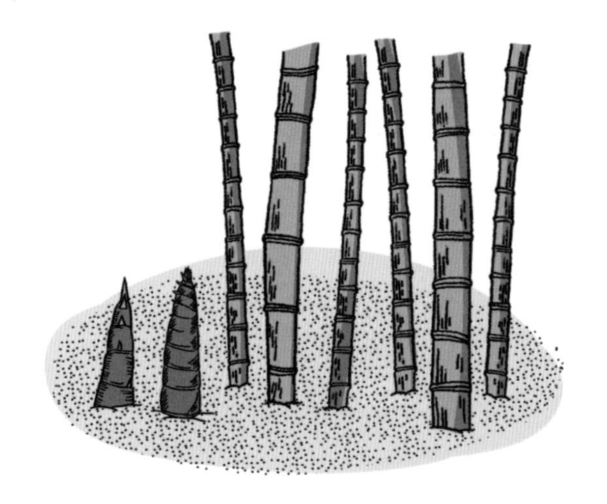

毛竹比较特别，其他树木多是慢慢地长粗长高，经过几十年、几百年还会慢慢地长粗长高，但毛竹是节节拉长的。在还是竹笋时，它有多少节、有多粗，长成后的毛竹就有多少节、有多粗。一旦毛竹长成，就再也不会长高了。

毛竹的根系非常集中，竹竿生长快，需要有温暖、湿润的气候条件和水分充裕却不会被积水淹浸的土壤生长条件。

在自然界中，很多植物都经不起狂风暴雨的摧残，狂风能轻易将大树拦腰吹断，但对毛竹一般无可奈何。这是因为毛竹有着丰富的竹纤维，竹纤维的强度是钢材的几倍；毛竹的截面是环形的，具有较强的抗弯刚度；竹节处的外部环箍与内部横隔板能提高竹筒的横向承载能力。

毛竹刚钻出土壤时，就是我们常吃的竹笋，竹笋中含有丰富的蛋白质、氨基酸、脂肪、糖类、钙、铁、胡萝卜素等。用竹笋烹饪的菜品，味道十分鲜美。在中国，竹笋自古就被当作“菜中珍品”，这也是减肥者减肥时吃的佳品。

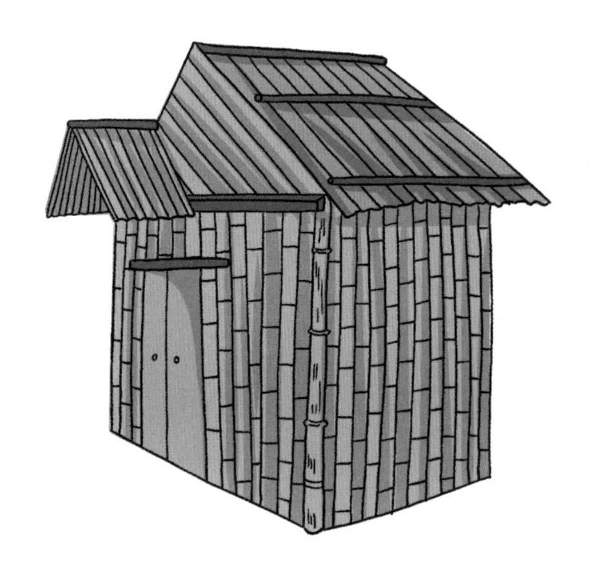

毛竹生长快、成材早、产量高、用途广。一片竹林在种植5~10年后，就可年年砍伐利用。一株毛竹从出笋到成竹仅需两个月左右的时间。毛竹不仅可以用来建造房屋，还是造纸的原材料！

王莲

在植物王国中，植物叶子千奇百怪，大小也各不相同，有的用放大镜才能看清，有的比大象的耳朵还要大很多。在水生植物中，拥有最大叶子的成员则是王莲。

王莲是一种水生草本植物，是典型的热带植物，喜爱阳光充足、高温和高度湿润的生活环境。王莲的耐寒力极差，气温下降到20℃时，它的生长就会停滞；气温下降到8℃左右时，王莲就会受寒死亡。王莲还有一个很奇怪的喜好——喜欢肥沃、深厚的污泥，但又不喜过深的水。所以培植王莲还是很考验培植人员的培植技术的。

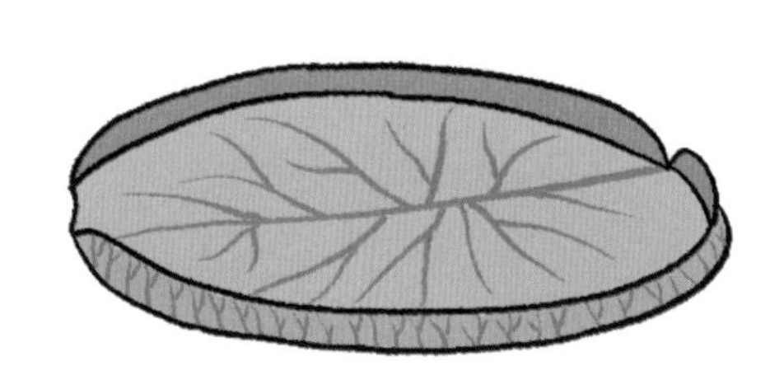

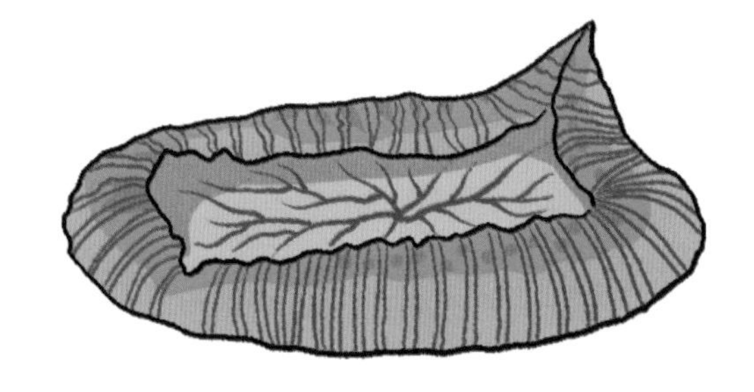

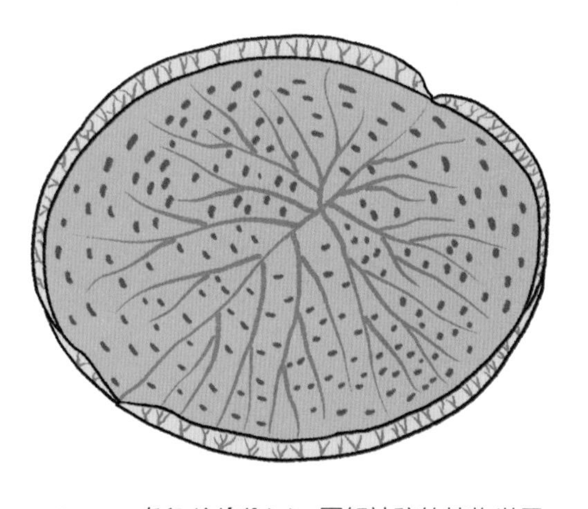

王莲是水生有花植物中叶片最大的植物，叶片直径多为 1.8~2.5 米（有的甚至会超过 2.5 米），叶面光滑，叶缘上卷，犹如一个个浮在水面上的翠绿色的大玉盘。叶片向阳的一面是绿色又略带红色的，比较光滑；背阴的一面则是暗红色的。叶柄呈绿色，长 2~4 米。叶子背面和叶柄上有许多坚硬的刺。叶脉呈肋条状，像一把伞架。

王莲的浮力非常大，最大可承重 50 千克左右，因此，王莲也被称为“水上花王”。

王莲的叶片虽然看起来很薄，但在叶片的背面有着复杂的叶脉结构。多条粗壮的主叶脉从叶梗处向外延伸，连接这些主叶脉的若干分支在莲叶下形成了坚固的网状骨架。不仅如此，在叶片中也分布着许多气室，坚固的承托结构加上气室的浮力造就了王莲的水中霸主地位。

王莲的叶片上密布小孔，叶缘还有两个缺口，下大雨时，积水可以从小孔和缺口迅速排走，从而保持叶片干燥，既避免了叶片因积水而腐烂，影响其光合作用，也避免了真菌和藻类的滋生。

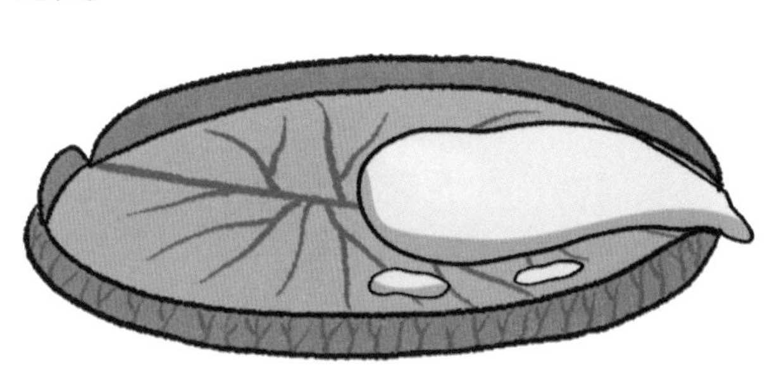

王莲的花硕大且美丽，花朵直径为 25~40 厘米，有六七十片花瓣，呈数圈排列在萼片之内。王莲的花期在夏季或秋季，一般每朵花可开放 3 天左右，朝合暮开，且花色随时间的变化而变化。

王莲的花虽然只开 3 天左右，但是在这 3 天里，花朵的状态不尽相同，极具观赏趣味。

第一天傍晚，王莲将自己的花蕾悄悄打开，此时王莲的花瓣呈白色，并释放出浓烈的香味，不仅如此，王莲还准备了特别的食物，即附着在雌蕊上的淀粉质物质。做完这一切，王莲只需要安心地等着传粉的甲虫来访就可以了。

时间到了第二天清晨，开了一夜“派对”的王莲准备休息了，可是它并不打算将来参加“派对”的客人放走。几乎所有的甲虫都被王莲闭合的花瓣关在花朵之中。此时王莲的花药逐渐成熟并释放出了大量花粉。突然被关在花朵里的甲虫此时慌乱不已，但是它们还没注意到在慌乱挣扎过程中，它们的身上已经沾满了王莲的花粉。

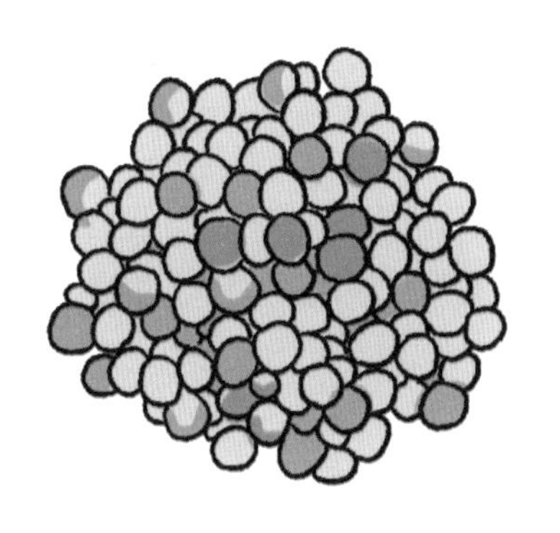

直到傍晚再度来临，此时王莲的花瓣已经变为娇嫩的粉红色，而之前吸引昆虫的香味也逐渐散去。花瓣再度打开，被关了一天的甲虫迅速逃离了这个奇怪但好像没什么危险的地方。

就这样又过了一个晚上，到了第三天中午，王莲的花色已经变成了成熟、优雅的深红色，这时王莲花朵的使命也正式告终，慢慢闭合花瓣然后沉入水下孕育果实。

猴面包树

猴面包树属于大型落叶乔木，可长到 20 多米高，胸径可以达到 15 米左右，整个树干就像一个粗壮的瓶子，所以有些地方的人也将猴面包树称为“瓶子树”。

猴面包树生长在终年干燥、炎热的热带草原上，当雨季来临时，它们松软的木质就开始吸收大量的水分储存在自己的树干中，预备以此度过无雨的旱季。在草原上找不到水源的人和动物，有时也会啃食猴面包树的树皮以补充水分。

猴面包树的果实为长椭圆形，从树干上长长地下垂。未成熟的果实外壳呈绿色，完全成熟的果实外壳呈棕色。完全成熟的猴面包树的果实外壳非常坚硬，敲开果壳后果肉呈白色，质地干燥、绵软，尝起来有淡淡的酸味。由于这种独特的口感，人们觉得吃一口猴面包树的果实，就像吃了一口面包一样。

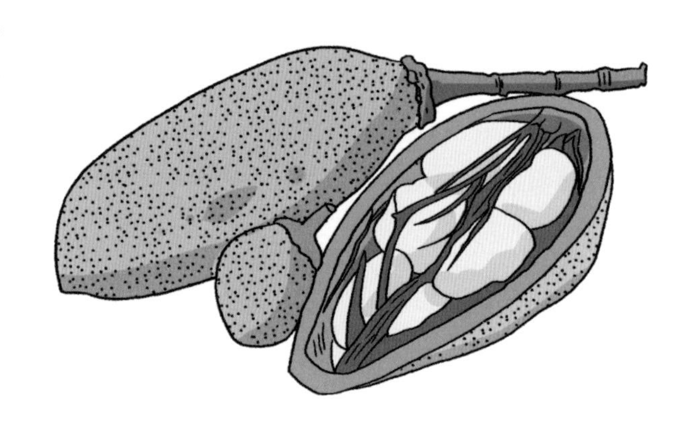

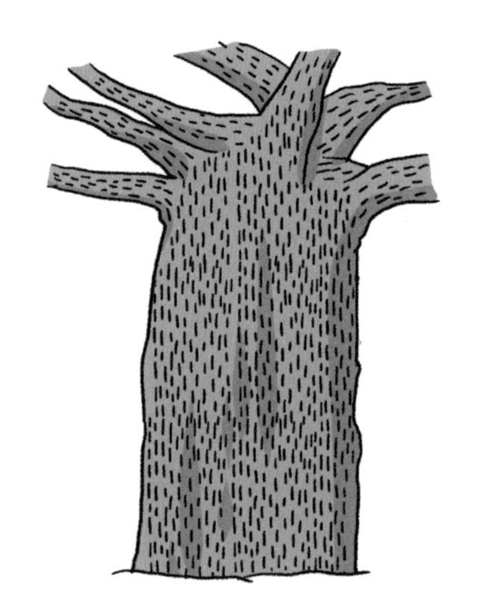

猴面包树的木质结构非常特别，是典型的“外强中干”，外层靠近树皮的木质坚硬，可以防止动物的啃食；内层靠近木芯部分的木质松软，可以在雨季来临时储存大量的水分，用以度过漫漫旱季。

猴面包树的内层木质像海绵一样疏松、柔软又多孔，可以吸收大量的水分，外层木质紧密且坚硬，可以有效防止水分的流失。每当旱季来临时，猴面包树会像脱衣服一样把身上的树叶都脱落，以减少水分的蒸发。而当雨季到来时，吸饱水分后的猴面包树会快速开枝散叶并开出白色的花朵。个别体形庞大的猴面包树甚至可以储存超过 9 万升的水。

猴面包树储存的水分可以供旅人饮用，果实可供充饥，叶子、果实和树皮可以入药，主要功能为养胃，还可以起到消肿止痛、安神镇定的效果。到现在为止，还有人把猴面包树的树叶和果实浆汁用作消炎药。

你知道吗？有一棵极为珍贵的猴面包树在我国海南省安了家。在海口公园里有一棵巨大的猴面包树，它高达 20 米左右，树干周长约为 50 米，要 20 多个人才能将其合抱起来。猴面包树的寿命可达上千年，是一种相对于人类来说很“长寿”的树，它见证了人类的成长呢！

第七章　我们很奇特

木荷

林木是易燃物，因此在植被覆盖面积大的地区通常会立起“禁止烟火”的警示牌，防止林木燃烧引发山火。但是有一种植物，不仅不易燃，甚至常常被用作防火林带来种植，这种植物便是木荷。

如果只听木荷这个名字，大概会令人联想起池塘里那些婷婷袅袅的荷花，挟着清风，散发着夏日里独有的香气。而木荷却全然不是这般柔弱的形象——它是一种常绿乔木。

每年的六七月间，漫山遍野的木荷花陆续开放，散溢出沁人肺腑的幽香。木荷花呈淡黄白色、花蕊嫩黄，远看似繁星点点，近观如芙蓉映水。微风拂来，一簇簇木荷花在枝头摇曳生姿，煞是动人。幽幽如荷花般的清香，随着清风四散开去。

木荷是一种神奇的防火树种，发生火灾时，这种树并不会燃烧，反而会在火中用自己的身体抵挡火焰的攻击。

木荷的防火本领表现在以下几个方面。

首先，木荷的适应性非常强且生长十分迅速，可以快速成林。同时，木荷的叶片质地坚韧且厚实，含水量非常高，含油量极低。正因如此，木荷的着火点很高，非常不易燃烧。当遇到森林火灾时，有木荷挡在前方，后方的林木很难遭殃。木荷的特性使火烧连城的态势极难形成，从而将火情阻挡在山林之外。

其次，木荷可以抑制其他植物的生长，在木荷树下很难发现成片的灌木丛。这样，在木荷密植的范围内便形成了一片不易燃的空地，向上有着火点极高的木荷枝叶，向下又没有其他易燃物吸引火苗。同时，密集的木荷林也阻碍了空气的流通，使得火情的发展大大降低，宛如一堵城墙将火情彻底隔离开来。

再次，木荷有很强的适应性，它既能单独种植形成防火带，又能混生于松、杉、樟等林木之中，起到局部防燃、阻火的作用。

最后，木荷的木质坚硬，再生能力强。坚硬的木质增强了它的抗火能力，即使被烧过的地方，第二年也能长出新芽，恢复生机。

别看木荷的本领强大，但它也是中国植物图谱数据库收录的有毒植物，其毒性主要集中在茎皮和根皮。民间有人用木荷茎皮与草乌熬成汁，涂抹在箭头，用来猎杀野兽。生长在木荷上面的木耳也是有毒的，人接触后会出现红肿、发痒的症状。

三色堇

三色堇，是一种一朵花上通常有 3 种颜色的美丽花卉，是在欧洲常见的野花物种，常常在公园中栽培，它也是冰岛、波兰的国花。因为它的花朵通常同时呈现出紫、白、黄三色，所以被称为三色堇。

因为三色堇花朵的 3 种颜色对称地分布在 5 片花瓣上，构成的图案就像小猫的两耳、两颊和一张嘴，所以它又被叫作“猫脸花”。另外，在风的吹拂下，三色堇的花朵如同翻飞的蝴蝶，所以它又有“蝴蝶花”之称。

经自然杂交和人工选育，三色堇的色彩品种已变得繁多，除了一花三色，还有纯白、纯黄、纯紫、紫黑等品种。另外，三色堇还有黄紫、白黑相配，以及紫、红、蓝、黄、白多彩的混合色等。从花形上看，三色堇有大花形、波浪形、重瓣形等。

三色堇有一种特性——预报天气。它的叶片对气温的变化反应极为灵敏，当温度在 20℃以上时，叶片就向斜上方伸展；如果温度降到 15℃左右，叶片就慢慢向下运动，直到与地面平行为止；当温度降到 10℃左右时，叶片就向斜下方伸展。如果温度回升，叶片又恢复原状，就像一个植物温度计一样。因此，人们可以根据它的叶片伸展方向，来判断温度的高低。

三色堇除了有极高的观赏价值，它还是护肤圣品。用它制作的护肤品可以杀菌，解决青春痘、粉刺、过敏等问题。

古籍《名医别录》把三色堇列为重要的护肤药材，中医圣典《本草纲目》中更是详细记载了三色堇的神奇去痘功效："三色堇，性表温和，其味芳香，引药上行于面，去疮除疤，疮疡消肿。"整株三色堇都可以入药，功效很强。

神秘果

有这么一种果子，初尝起来几乎没什么味道，十分不起眼。但神奇的是，当你吃完这种果子后的 1~2 小时内，无论你再吃多酸的东西，塞进嘴里时尝到的都是甜甜的味道。这种神奇的果子就是神秘果。

神秘果原产于非洲的中西部地区（贝宁、喀麦隆、刚果共和国、科特迪瓦、加蓬、加纳、尼日利亚、中非共和国及刚果民主共和国），它们生长在低海拔的潮湿密林中。

20 世纪 60 年代，周恩来总理在访问西非时，加纳曾经将神秘果作为国礼送给了周总理。周总理在收到这份珍贵的礼物后，郑重地将它交给了国家热带作物研究所进行栽培与繁殖。神秘果不仅神奇，而且珍贵，是国宝级别的珍贵植物，因此，无论在西非各个国家还是在我国，神秘果都受到严密保护，禁止出口。

神秘果树形美观，枝叶繁茂，在不同时期叶片呈现出不同的颜色，开的花呈白色，能散发出奶香味。果实成熟时会由绿色变成红色。当果实的直径长到 2 厘米左右时，看上去有点像圣女果。

神秘果有“果园里的魔术师”的美称，在食品工业中，经常用神秘果来制作调味剂。由于神秘果中含有一种变味蛋白酶，能让我们舌头上的味蕾暂时受到干扰，使对其他味道敏感的味蕾麻痹，而使对甜味敏感的味蕾异常兴奋。

其实神秘果并不能改变食物的味道，本身就是酸的食物其实还是酸的，只不过我们在食用完神秘果后感受不到其他的味道了，唯独能感受到甜味，因此才会吃什么都感觉甜甜的。这么想来，以后每次吃柠檬之前，先来一颗神秘果岂不美哉?

你可能会疑惑，为什么神秘果会有这种把酸的食物变甜的能力呢?

原来，神秘果中含有一种很特别的蛋白，被称为神秘果蛋白，这种蛋白可以充分调动人的味蕾。通常情况下，人的口腔内的 pH 值呈中性，当我们食用神秘果时，品尝到的神秘果的味道是淡淡的，好像没什么味道，这就是神秘果真实的味道。然而，神秘果的果肉在进入我们的口腔时，却悄悄在我们的口腔内做了很多事情。比如，悄悄改变了我们口腔内的 pH 值，品尝过神秘果后我们口腔内呈现偏酸性的环境；不仅如此，神秘果蛋白在进入我们的口腔以后，第一时间找到了我们舌头上的甜味受体，然后和甜味受体紧紧“抱”在一起。当我们再吃到酸的食物时，神秘果蛋白会突然兴奋，然后激活了“抱在怀里”的甜味受体。当甜味受体处于高度兴奋状态时，我们即便吃酸的东西也会感觉它的味道是甜甜的。

神秘果浑身是宝。成熟后的神秘果具有治疗高血糖、高血压、高血脂、痛风、尿酸、头痛等病症的作用，将其果汁涂抹在蚊虫叮咬处能消炎、消肿。神秘果的种子可缓解心绞痛、喉咙痛、痔疮等。神秘果的叶子可用来泡茶或做菜，不仅能保护心脏、美颜瘦身、排尿通便，还能解酒。

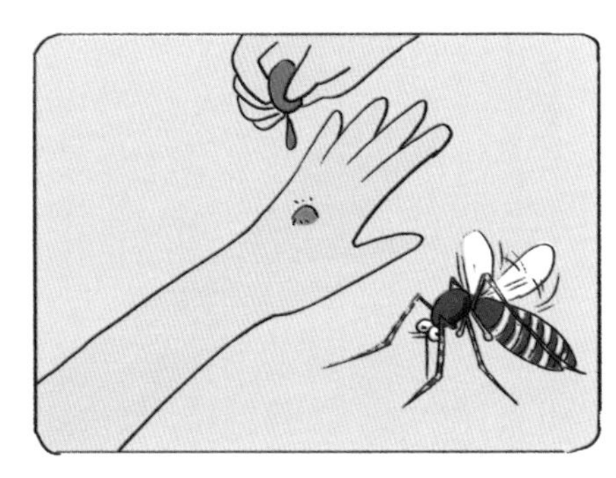

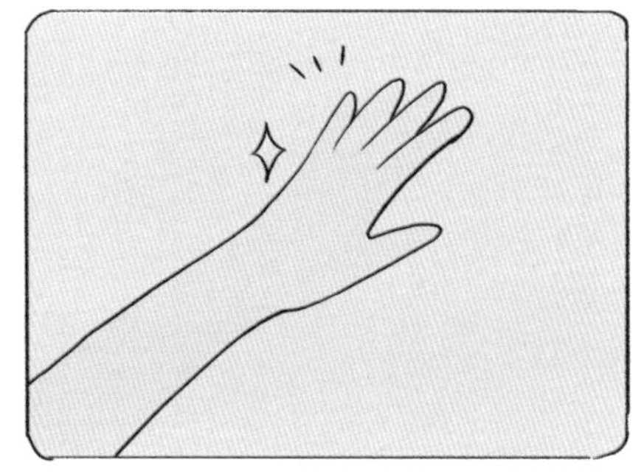

它是不是一点都没辜负“神秘果”这个名字呢?

针垫花

针垫花就像它的名字一样，远远望去仿佛插满珠针的针垫。这些像珠针一样的细针并不是针垫花的花瓣，事实上，针垫花并没有花瓣，这些“针头”其实是针垫花的花蕊。

针垫花的老家在南非，生长环境十分恶劣，即便在贫瘠的土壤中，针垫花依然能开出美丽的花朵。

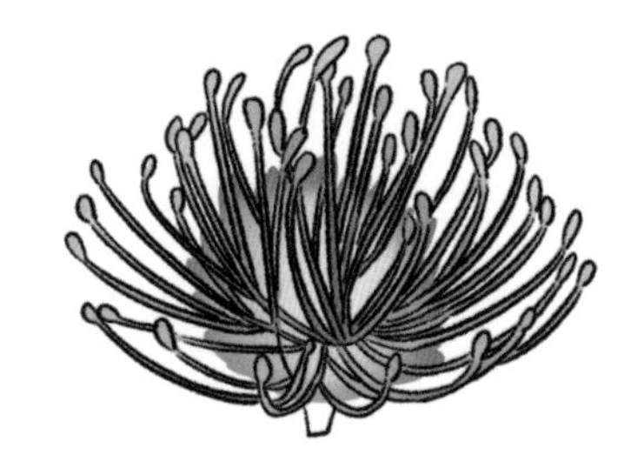

在花展中，这种植物总是以“艳光四射”的魅力吸引无数人的目光。每当它盛开时，密密麻麻的花冠聚集成硕大的球状。

这种植物的生长速度缓慢，在每年的1-5月，它平均每月只生长约1厘米，5-6月时，它才开始大量萌生新枝。即使到了生长得最快的7月和8月，它平均每月也只生长约5厘米。这样的生长速度与它硕大的花形相比，着实慢得令人惊讶！

针垫花鲜艳夺目、色彩缤纷，很是招人喜爱，其常见的颜色有红色、黄色、橙色等。我们见到的拳头般大小的针垫花的花球，是由无数个小花朵组成的，那伸出的“针头”正是一个个舞动的花蕊。

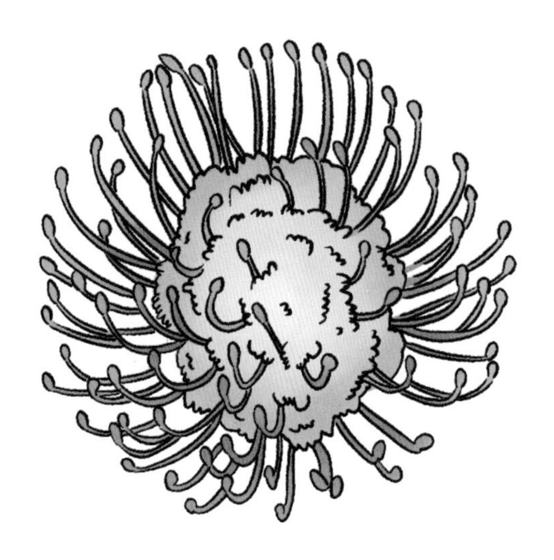

每当针垫花开花时，伴随着花朵争奇斗艳的场景，我们还会看到一种奇特的景观，那便是很多小鸟围绕着针垫花飞舞。

之所以会出现这个奇观，是因为针垫花是异花授粉的植物，每当开花时，针垫花便会分泌出大量的花蜜来吸引以花蜜为食的糖鸟和太阳鸟帮助其授粉。只是这些花蜜不仅吸引来了糖鸟和太阳鸟，还吸引来了大量的昆虫，以及很多以昆虫为食的小鸟。因此，在每年观赏针垫花盛开的游客中，除了对针垫花感兴趣的观花者，还有很多是来看小鸟的观鸟者。

针垫花种子的肉质外皮中包含了一种可以吸引蚂蚁的酶，当成熟的种子从花头上落下时，便会有寻味而来的蚂蚁将它们带回巢穴。蚂蚁会以种皮中富含的卵磷脂为食，但不会伤害种子。通过这种方式，针垫花的种子被分散且安全地储存在地下。

老虎须

老虎须是一种多年生常绿根茎草本植物，开花能力超强的老虎须可达到一片叶子一朵花。而它最特别的地方也在于它的花，不仅颜色晦暗少见，基部竟可生出十余厘米长的丝状物，像极了老虎的胡须。

老虎须通常高60~80厘米。老虎须的根呈圆柱形，长可达10厘米，直径约为2厘米。老虎须的花序为伞形，长20~60厘米，由4个总苞片包着；苞片呈黑紫色，伴有数个丝状小苞片，长20~25厘米。老虎须是雌雄同花的植物，黑紫色的花朵在自然界中非常少见，通常生活在热带和亚热带的边缘，喜欢温暖、潮湿的半阴环境。它对土壤的要求很高，喜欢富含有机质、轻质、多孔、排水良好、微酸性或中性的湿润土壤。

因为其独特的颜色和形态，老虎须又被人们称为“蝙蝠花”和“魔鬼花”。

老虎须种子的萌发条件非常苛刻，它既需要充足的水分也需要充足的阳光。而我们都知道，阳光充足的地区往往干燥，而潮湿的地方通常背阴。

为了不让这种神奇的植物消失在大自然中，人们采取了一系列手段帮助其繁殖。人工干预的繁殖方式通常会使用尽可能新鲜的种子，将种子在温水中浸泡两天后，再在通风和排水良好的有机壤土中进行繁殖。为了最大限度地满足老虎须种子的萌发条件，人们会将老虎须种子存放在26~28℃的恒温环境下保持湿润，大约需要经过9个月它才会萌发。

除此之外，老虎须的果实在成熟和半成熟时极易被鼠、蚂蚁等寻食，导致老虎须的繁殖能力下降；老虎须的药用价值和观赏价值也导致人为的滥采乱挖，进一步加剧该物种的濒危态势。老虎须被列入《世界自然保护联盟濒危物种红色名录》——近危。

马兜铃

马兜铃是一种有巨型叶子的落叶藤蔓植物。这种植物奇特而美丽，其巨大的花朵仅由一片花瓣构成，花朵的基部有膨大的花囊，如同鹈鹕鸟嘴下面那个让人一眼就能认出的大皮囊，无怪乎人们又将其称为“鹈鹕花”。

马兜铃的花瓣下部逐渐收缩成一条绸带状长尾，有着迷人的紫色天鹅绒般的色泽，显得优雅、修长，因此它也被人们称作“天鹅花”。但这么美丽的花朵，却会释放出一种死老鼠般的恶臭气味，让人感到不适。

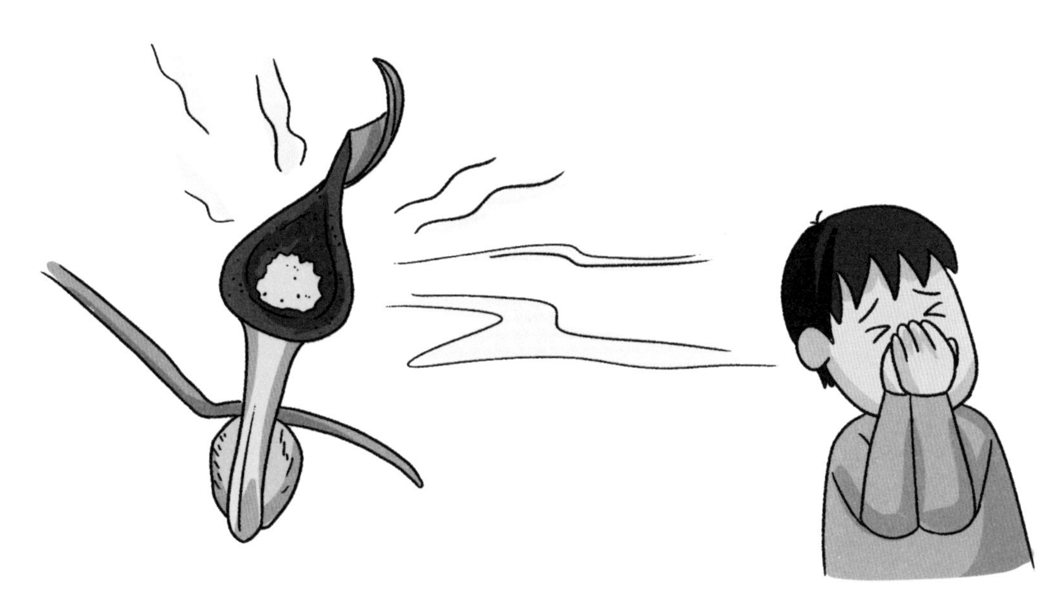

马兜铃的根可入药，被称为青木香，马兜铃的藤也可入药，被称为天仙藤。需要特别注意的是，马兜铃植株地面以上的部分毒性较大，请勿贸然尝试。

马兜铃的花形非常奇特，花朵蜿蜒曲折，形似“下水管道”。

马兜铃的花呈管状，花缘处有开口，花管内长满了向内生长的茸毛，花基部有一个球形的膨大部分，中空，在这个空腔的底部长有接受花粉的柱头，柱头周围分布着 6 个雄蕊。

马兜铃的花朵通常在清晨 5 点左右开放，伴随着花朵的开放，空气中弥漫着腐臭的味道。没错，这个味道就是马兜铃的花臭味。由于马兜铃的花朵结构特殊，因此在其花基部的空腔内，这股臭气更浓郁。不过这股臭气可以吸引喜欢臭味的昆虫来帮助马兜铃传粉。

当臭味爱好者，如潜叶蝇，闻到马兜铃的花臭味会立马欲罢不能，二话不说就往马兜铃的花管里钻。但是这个花管进来容易，出去就不这么容易了。

前面说了，花管中有很多向内生长的茸毛，这些茸毛非常丝滑，所以当昆虫从外部向内爬时，很容易就到达了花基部的空腔中。但是当昆虫在遛了一圈想离开时就没那么容易了，昆虫从内向外走，之前丝滑的茸毛此时就变成了扎脸的“凶器”，不得已，昆虫只能退回到空腔内静待时机，不过好在空腔中有着丰富的蜜汁，不至于饿肚子。

大概在第二天凌晨 3 点左右，马兜铃的花药会突然开裂，散发出花粉，受到惊吓的昆虫此时一定会在空腔中一通乱爬，不过这种行为正中马兜铃的下怀。慌乱中的昆虫不知不觉便会将花粉沾满全身，差不多也是在这个时候，花管中的茸毛开始变软、萎缩。此时花管内的茸毛的长度大约只有前一天的 1/4 左右，看到逃脱曙光的昆虫此时一定会毫不犹豫地爬出花管。不用怀疑，天再亮起时，这只贪吃的“倒霉蛋”会再一次被新鲜绽放的马兜铃的臭气所吸引，然后再被关一天“禁闭”。不过，这时的昆虫就会把粘在身上的上一朵花的花粉蹭到下一朵花的柱头上，替马兜铃完成异花传粉的任务。

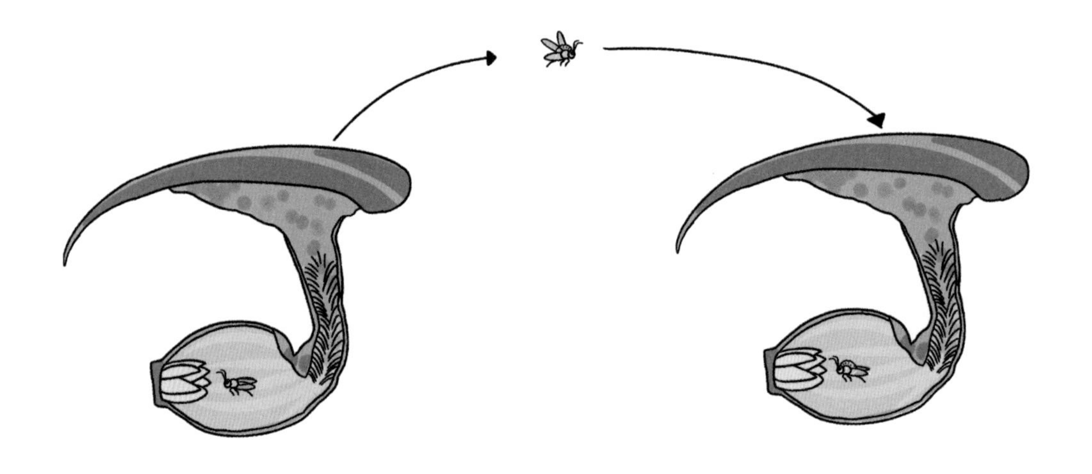

马兜铃还会分泌出一种独特的物质——马兜铃酸，这种物质可以入药，在中国传统医药中，常被作为辅料使用。但研究证明，摄入过量的马兜铃酸有可能引发肾脏疾病等，严重时甚至可能致命。

月见草

月见草原产自北美洲(如加拿大与美国东部)，早期被引入欧洲，后迅速传播到温带与亚热带地区。在中国东北、华北、华东（含台湾）、西南（四川、贵州）均有栽培，并早已成为逸生植物。月见草主要生长在河畔的沙地上，在高山上及沙漠里也能发现其踪影。

月见草是一种直立的两年生草本植物。第一年，月见草的基部会生出莲座状的叶丛，这些浅齿状的叶丛紧贴地面。第二年，月见草才会展茎开花。月见草的茎高为50~200 厘米，表面有披毛，茎枝上半部分通常生有腺毛。月见草的花序呈穗状，花蕾呈锥形，花瓣通常为明黄色、少数为淡黄色。

月见草的花只在傍晚才慢慢盛开，天亮即凋谢，只开一个晚上。传说月见草开花是专门给月亮欣赏的。它在辨别夜晚是否来临时，有一套自己的生理系统。因为不适应高温环境，所以它并不喜欢在阳光灿烂的白天开放，而选择在晚上开花。

由于月见草在夜晚开花，传粉的任务自然就落在了昼伏夜出的飞蛾身上。夜幕降临，月见草舒展着自己的花瓣等待着飞蛾的来临，而这些飞蛾远远地就被温和的柠檬花香味所吸引，纷纷前来吸食花蜜，并带走黏附在它们身上的花粉，完成传粉的任务。除此之外，清晨，月见草的花香还会在太阳完全升起前吸引蜜蜂前来光临。

月见草也可进行家庭种植。在家里养月见草，可在早春时节播种。因为它的种子小，所以撒播得不要太密，覆土不要太厚。有的月见草养到5月就能开花了。

月见草浑身都是宝，药用价值极高。它的花可以提炼芳香油；种子既可以榨油食用，也可以药用；茎皮纤维可以制绳；根为解热药，还可用于酿酒；叶子和油渣也是较好的饲料。

银扇草

银扇草又称金钱花、大金币草，原产于欧亚大陆，因为它的角果特别像银质蒲扇，所以大家便称其为“银扇草”。

从外观上看，银扇草的叶子一般为卵形或椭圆形，并且在叶缘部分有着较为粗糙的锯齿形态，整个植株都分布着一定的茸毛。若是从株高上比较，它属于中小型植株，高度大约为60~90 厘米。银扇草并没有错综复杂的分枝，从下而上只是分布着适量的叶片，并且叶片的数量由上至下逐渐减少。

银扇草的花朵为白色或紫红色，在开花时期散发出淡淡的香味。银扇草的奇特之处在于，当它的花朵开始凋谢时，子房就会迅速膨大，经过一段时间就会形成我们平时看到的果荚了。

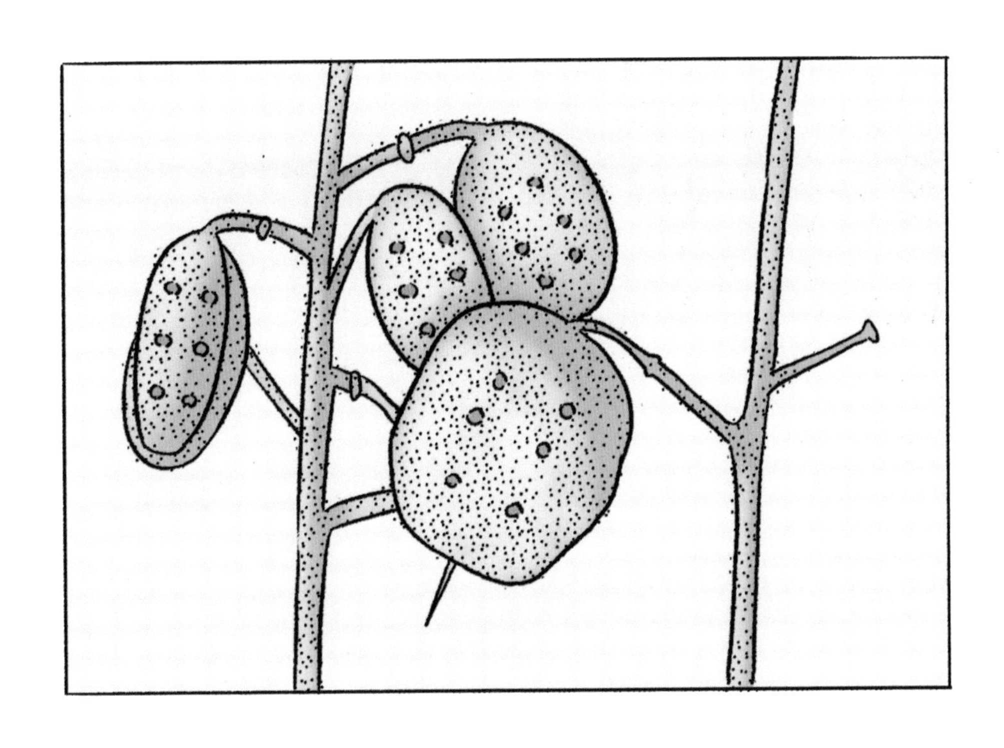

按照银扇草的生长特性，下面的果荚通常会比上面的果荚成熟得更快，果荚颜色会逐渐从浅绿色变为褐色。当果荚的颜色全部变为褐色时，则说明银扇草的果实已经成熟了。当种子脱落后，果荚又变得十分通透，酷似一把把中国团扇。

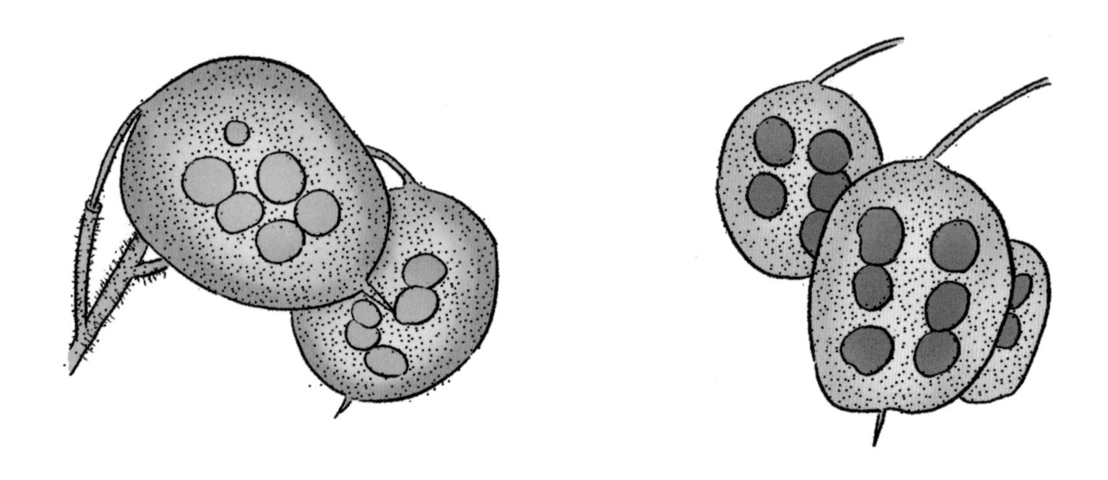

种子脱落后的银扇草的果荚洁白、精致，观赏性很强。通常情况下，人们会为了干燥银扇草的种子，截取带嫩枝的成熟果荚，然后将它们倒挂在干燥的地方风干，风干后的果荚还可以插在花瓶中作为装饰品。

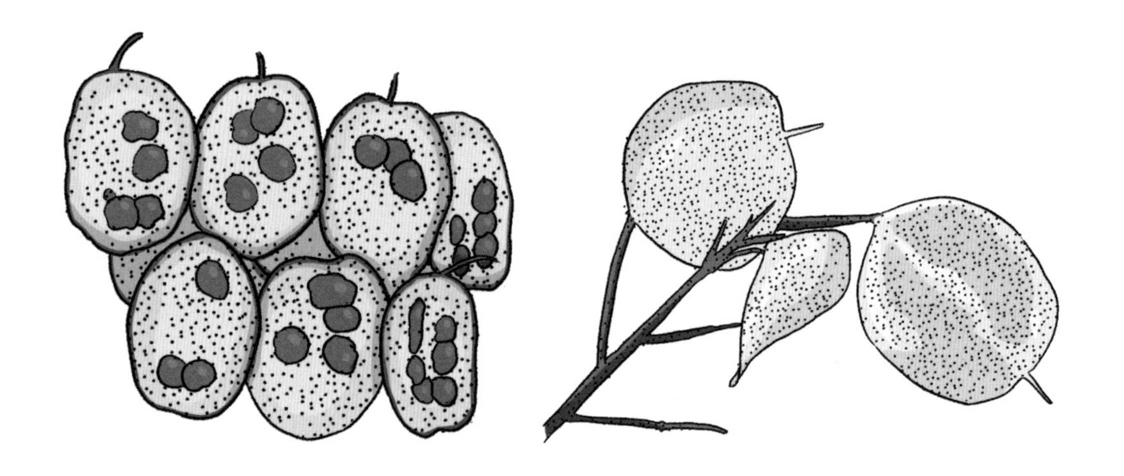

银扇草也可以被做成干花来长期保存，不需要养护，自然放干即可。种子脱落后的银扇草气质飘逸，薄如蝉翼，深受人们的喜爱。在西式婚礼上，银扇草可以将婚礼会场装点得犹如精灵的仙境！

第八章　我们会结果

咖啡树

咖啡原产于非洲的埃塞俄比亚地区，是一种常绿小乔木。咖啡树的叶片呈长卵形，对称生长。3 月是咖啡树开花的时期，每到这个时候，就会看到咖啡树上一串串洁白的小花开满枝杈，靠近细闻还能闻到淡淡的类似茉莉花花香的味道。花瓣脱落后就会结出一个个咖啡果，这些咖啡果呈鲜红色，形似樱桃，咖啡果长有两粒种子，这就是我们熟悉的咖啡豆。

咖啡豆素有“黑色金子”的美称，将咖啡豆制熟后研磨成粉便可以制作成饮料饮用。咖啡豆中富含咖啡碱、蛋白质、粗脂肪等营养成分，不仅可以提神醒脑，而且味道极佳，醇香中带着微微苦意，入喉细品还有丝丝回甘。

在医学上，咖啡碱可用来制作麻醉剂、兴奋剂、利尿剂和强心剂，还能帮助消化、促进新陈代谢。咖啡果的果肉富含糖分，可以用来制成糖和酒精。咖啡花含有香精油，将香精油提取出来可制成高级香料。

世界上第一株咖啡树是在非洲之角被发现的。在漫长的岁月里，咖啡树一直安静地生长在密林深处，直到有一天被人类发现，从此人类爱上了咖啡，并将它的名字传遍世界各地。

关于咖啡树的发现有一个有趣的传说。相传，第一个发现咖啡树的人是一个来自埃塞俄比亚的牧羊人。在16世纪的某一天，牧羊人在牧羊的时候发现一只羊活蹦乱跳，一直安静不下来，仔细观察后发现这只羊吃了一种红色的果子。牧羊人收集了一些红色果子并分发给修道院的僧侣们品尝，尝过这种果子的僧侣纷纷表示神清气爽、精力十足。后来人们就把这种果子当作提神的药物，这种果子在当地广受好评。

古时候的阿拉伯人把咖啡豆晒干，再熬煮成汁液，当作胃药来喝，认为其有助于消化。后来人们发现咖啡还有提神醒脑的作用，于是咖啡又作为可以提神的饮料而时常被人们饮用。咖啡作为一种时尚饮料早已风靡全世界，咖啡的种植也遍布多个国家和地区，其中以素有“咖啡王国”之称的巴西的产量和出口量最高。

研究发现，咖啡会增加胃酸的分泌，同时会松弛食管括约肌，加大胃酸反流的概率。因此，患胃溃疡、十二指肠溃疡、炎症性肠病、肠易激综合征等肠胃疾病的患者最好不要喝咖啡，以免加剧肠胃不适。另外，如果你喝完咖啡后出现了反酸、胃灼热等不适感，则最好暂停饮用咖啡，以缓解不适症状。

可可树

可可树是热带常绿乔木，原产于南美洲亚马孙河流域的热带森林中。当地人将野生的可可树的种子捣碎，加工成一种名为“巧克力脱”的饮料，后发现其具有刺激中枢神经的功能，能够有效地补充人体能量、激发人的运动潜能，因此称其为“神仙饮料”。

可可树的树干坚实，高达十几米，叶呈椭圆形，长约 30 厘米，枝叶如伞盖一般伸展。可可树是典型的热带果树，其花生长在主干和老枝上，其果实又长又大，呈红色或黄色，很有观赏价值。

可可树主要分布在以赤道为中心，南北纬约 20° 以内的热带地区，只在炎热的气候下成长。一棵可可树的果实内一般含有 30~50 颗种子（可可豆），这些种子在常温下是固态的，超过 37℃就开始融化。每 100 克可可粉可以产生大约 320 大卡的热量，因此它是一种可以用来快速补充能量的食品。

16 世纪以前，南美洲人十分喜爱可可豆，甚至把它当作钱币来使用。可可豆内含有 50% 的脂肪、20% 的蛋白质、10% 的淀粉，以及少量的糖分和兴奋物质可可碱，故将可可树称为“神粮树”。

后来，人们将可可豆发酵、烘干后，提取一定比例的可可脂，再将余下的部分加工成可可粉，用来调制饮料。在可可粉里加入糖、牛奶，能制成各种巧克力食品，不仅美味，而且富含营养，深受全世界人们的喜爱。

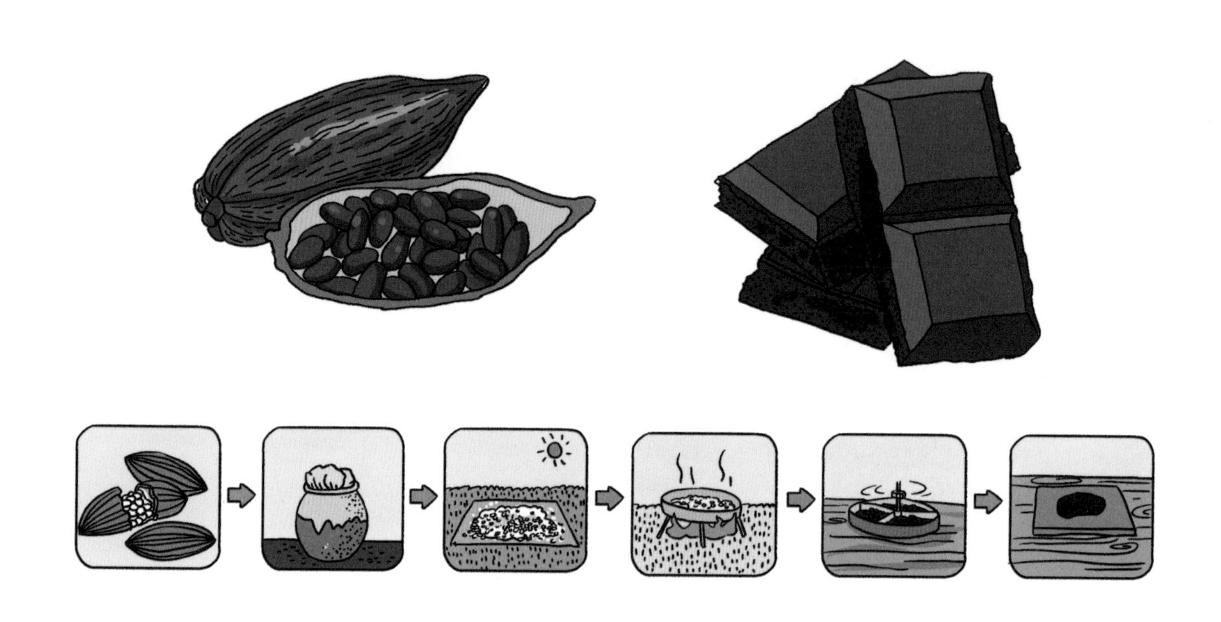

据考古发现，早在 3000 年前，美洲的玛雅人就开始培植可可树。他们将可可豆烘干后碾碎，加水和辣椒，混合成一种苦味的饮料。该饮料后来被流传到南美洲和墨西哥的阿兹特克帝国，阿兹特克人称之为“苦水”，并将其加工成专门供皇室饮用的热饮，叫作 Chocolate，这就是“巧克力”这个词的来源。

炮弹树

有一种树的果实非常奇特，奇特之处在于，待果实成熟时，这种树就像浑身挂满了滚圆的炮弹一样，因此这种树被叫作炮弹树。炮弹树的花凋谢后，会生长出滚圆、坚硬的果实，形似吊瓜，经久不落，新奇有趣，蔚为壮观。

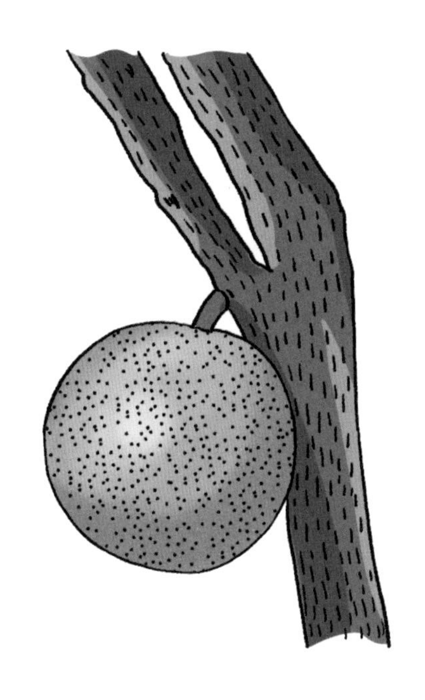

炮弹树结的果实叫炮弹果，开的花叫炮弹花。这些名字之所以多与“炮弹”有关，是因为炮弹树结出的果实，无论是从形状上看还是从颜色上看，都太像炮弹了。传言炮弹树是一种十分危险的植物，其果实一经敲打就会炸裂，更有甚者说炮弹树的果实的爆炸威力不亚于真正的炮弹。事实上并不是这样的，炮弹树的果实确实十分危险，但这种危险指的是成熟的炮弹树的果实从树上掉落时十分容易砸伤站在树下的人，并不会因为炮弹树的果实炸裂而伤人。

炮弹树的果实在成熟后会从树上掉落，摔裂的果实会被动物食用。这些果实人也可以吃，只是因为味道特别不好，所以没什么人吃。

炮弹树的花大而艳丽，成串地生长在树干靠下的位置。炮弹树的花序为总状花序，花瓣的颜色是鲜艳的朱红色，每朵花的花瓣数量为5~6片，盛放的花朵宛如一个个明艳的瓷碗。花朵的中心有一团折成U形的雄蕊群，这团雄蕊群在结构和功能上都有明显的分化。其中，花丝较长的、如海葵触须般的雄蕊，其花粉是不可育的，主要作用是为传粉者提供食物，而花丝较短、环起、呈毛刷状的雄蕊，其花粉是可育的，主要作用是种族延续。

当炮弹树的花朵凋谢后，便会长出一个个炮弹果。炮弹果的外壳十分坚硬，成熟的炮弹果不会轻易裂开，更不会引起爆炸，但是会从树上掉落。伴随着一声闷响，炮弹果掉落在地上，黏稠的果肉从摔裂的果壳里流出，味道刺鼻，无毒。

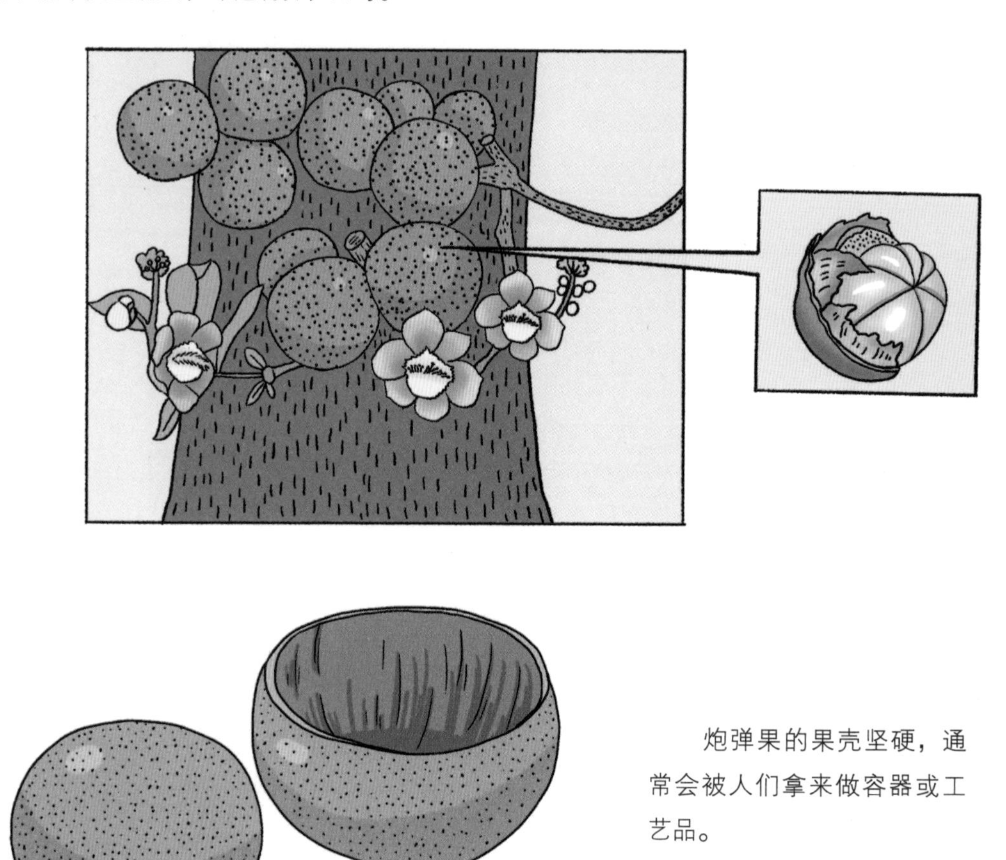

炮弹果的果壳坚硬，通常会被人们拿来做容器或工艺品。

虽然没人吃，但是人们会用炮弹果的果肉去喂牲畜。

吊瓜树

在茫茫的非洲草原上，耸立着一棵棵奇特的大树，树上挂满了一条条形似香肠的果实，长长短短、大大小小，随着垂下的藤须飘荡，特别像用麻线系着的香肠，所以这种树俗称“香肠树”。

你知道吗？世界上俗称“香肠树”的植物不止一种，非洲草原上的这种香肠树其实是吊瓜树，树上结的“香肠”足有5千克重。

吊瓜树高6~12米，树皮很光滑，树枝舒展且浓密。它的叶子在树枝末梢附近形成团簇；一个团簇由7~13片小叶组成，小叶呈有光泽的深绿色，长圆形，长4~18厘米。

吊瓜树的花看起来皱巴巴的，一般为栗色或深红色的喇叭形花朵，花序顶生，下垂开放，花朵个头非常大，花梗长达十几厘米。

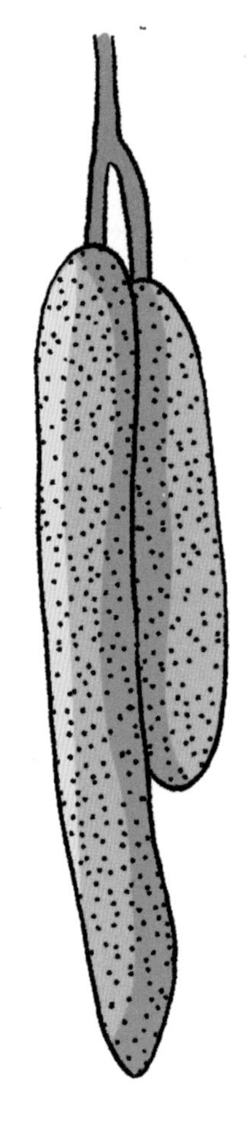

科学家们认为，吊瓜树的传粉工作可能主要由果蝠来完成，也有可能由经常“光顾”的蝴蝶来完成。

吊瓜树十分容易繁殖，在每年的9月左右把当年新鲜的种子种在阳光充足的地方即可，要注意保护好幼苗，使其免受霜冻。在非洲的南部地区，吊瓜树幼苗的存活率要更高一些。

吊瓜树的果实巨大，呈香肠状，一个吊瓜树的果实大小可达100厘米×18厘米，重量可达12千克，木质的果皮表面有大量的气孔。

在马拉维，吊瓜树的果实被烤制后可用来帮助啤酒发酵。其坚韧的木材被用于制作架子和果盘等。而将果实压碎、干燥后可用于治疗溃疡、生疮等疾病——这种果实具有抗菌活性。但刚从吊瓜树上摘下来的新鲜果实不可食用，因为它有一定的毒性。在食物稀缺的时候，可以将吊瓜树的果实烤熟后再吃。

吊瓜树的果实是众多哺乳动物喜欢吃的食物，如狒狒、大猩猩等。在我国的广东省和海南省，也有一种能结出像香肠一样果实的树，只不过这些“香肠”只能看，不能吃。

木奶果树

木奶果树是产于热带地区的一种野生果树，属于大戟科植物，分布于印度、缅甸、泰国等国家和地区，生于海拔为100~1300米的山林中，在我国广东、海南、云南等地也有它的身影。

木奶果树高可达15米，直径可达60厘米，树皮为灰褐色，花朵较小且呈棕黄色，并且无花瓣，花期为每年的3-4月。其卵状果实从茎秆上长出，初时为黄色，后变紫红色。

因为木奶果树的果实裂开后呈三瓣状，里面有1~3颗种子，所以西双版纳地区的人们通常把木奶果称为三丫果，这是他们非常熟悉和喜欢吃的一种野生水果。将木奶果去皮后放入口中，尝到的是果肉表层的一种清香的甜味，再一抿嘴吸走其表层的肉，尝到的则是靠近果核的酸味，这种酸味从舌头两侧去刺激大脑，有一种直冲天灵盖的酸爽感。

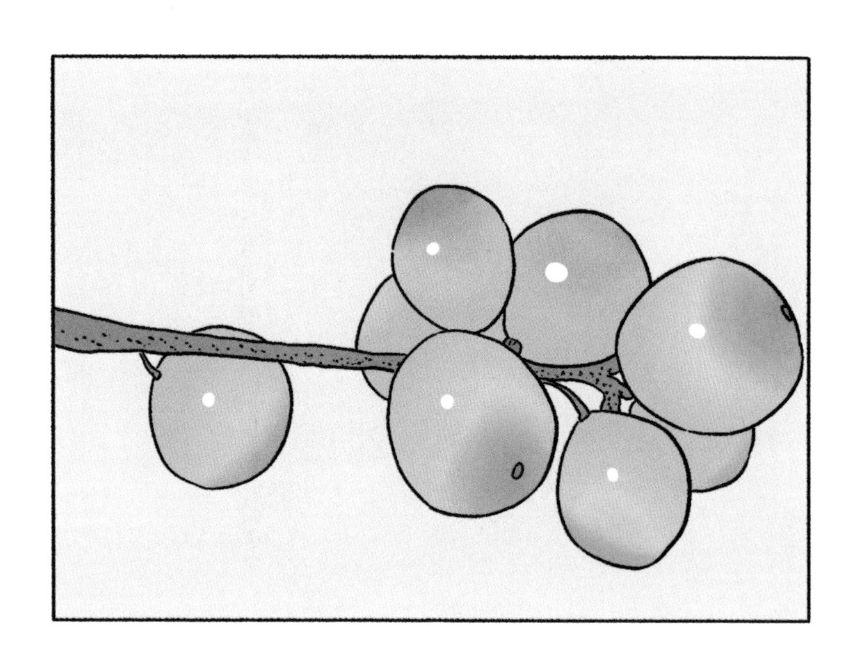

每年的6-10月是木奶果成熟的时期，这时的木奶果树上挂满了一串串鲜红的果子。木奶果树结果不分大小年，每年的这个时候都有大量的果子成熟落地，一个个桂圆般大小的果子由生到熟，色彩各异，挂在树上煞是好看。

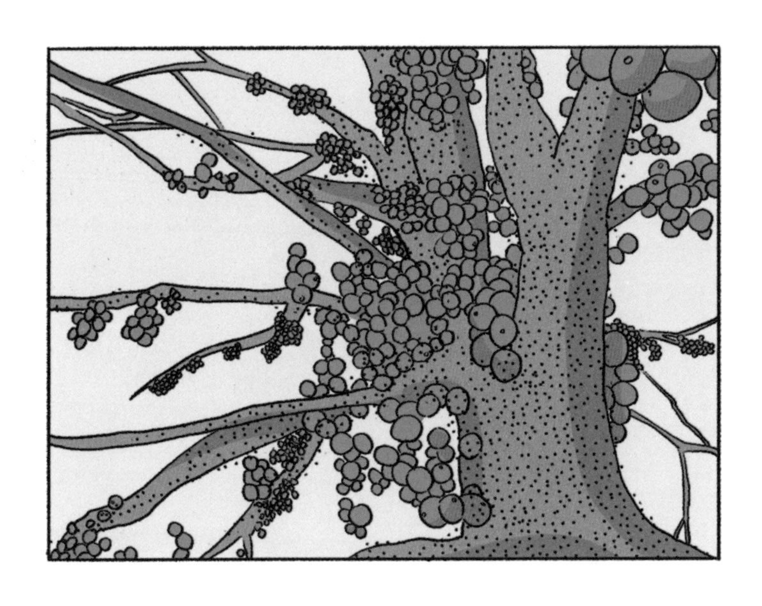

木奶果树的树形美观，作为热带地区的典型树种，木奶果树也是老茎开花、老茎结果，这是木奶果树适应热带雨林环境的一种生存策略。在低矮的老茎开花、结果，可以吸引猴子、松鼠等动物前来采撷果实，以便通过动物把种子传播到更远的地方。

作为热带雨林中常见的植物之一，木奶果树也是雨林植物（生物学上专有名词）中的重要一环。成熟的木奶果林被认为是“顶级”群落，是热带雨林质量较高的标志之一。

第九章　我们会伪装

角蜂眉兰

生长在地中海地区的角蜂眉兰，绝对是伪装界的高手。第一次见到角蜂眉兰的人一定想不到，这竟然是一朵花。盛开下的角蜂眉兰最大的一片花瓣会在阳光下反射出蓝紫色的光芒，因此角蜂眉兰又被称为镜子兰。

春天是角蜂眉兰盛开的季节。其最下端的唇瓣是最大的一片花瓣，这片花瓣的形状奇特，总体呈现出圆滚滚、毛茸茸的形态，乍一看和雌性角蜂的下半身几乎一模一样。同时，根据角蜂眉兰分布地区的不同，它还会在“角蜂”的后背涂抹不同颜色的花纹，以便让自己更接近当地雌性角蜂的模样。

不仅如此，角蜂眉兰的两侧还有两对略显狭长的唇瓣对称伸出，结合下面圆润的“身躯”，这两对唇瓣仿佛角蜂或胡蜂的两对翅膀。

你以为这样就是角蜂眉兰的全部伪装了吗？不是的，角蜂眉兰的花柱和雄蕊长在一起并矗立在花瓣中央，这个被称为合蕊柱的部分从外形上看简直就是角蜂头部的翻版。

如果伪装到此为止，那么角蜂眉兰还不能被称为伪装大师，它接下来的操作才是伪装界的巅峰之举。角蜂眉兰能够分泌出一种物质，这种物质十分接近雌性角蜂散发出的性信息素，用以吸引雄性角蜂。

试想一下，有一天，一位适龄的单身雄性角蜂独自漫步在花丛中，这时，空气中突然飘来一阵妙龄雌性角蜂的芬芳气息，雄性角蜂抬头望去，看到不远处有一位亭亭玉立的雌性角蜂停在花枝上。面对此情此景，雄性角蜂怎么可能忍得住不上前去和角蜂“小姐姐”打个招呼呢?

你猜得没错，雄性角蜂在和“雌性角蜂”一番交流后，很快就会发现自己上当受骗了，这根本不是漂亮的角蜂“小姐姐”，而是角蜂眉兰这个“大骗子”！当雄性角蜂失落地离开时，殊不知它身上已经沾满了角蜂眉兰的花粉。接下来等待它的也不是雌性角蜂，而是另一朵蓄势待发的角蜂眉兰。就这样，雄性角蜂在一次次被骗中帮助角蜂眉兰完成了传粉工作。

眉兰属植物大约有十几种，在地中海周边的国家和地区广泛分布，它们个个是伪装高手，当然，“受害者”也不止角蜂，还有黄蜂、蜜蜂、苍蝇等，甚至还有蜘蛛。这些都是眉兰属植物的主要“诈骗”对象，并且每一种眉兰都有自己特定的传粉目标，精准打击。

注意，上当的“受害者”都是雄虫哦!

对于这样精湛的伪装，不得不由衷地称赞角蜂眉兰真是植物界的“感情大骗子”。不过这种通过“欺骗感情”来传粉的繁殖方式，确实达到传粉的目的。

生石花

生石花是一类十分矮小的、多汁的拟态植物，它由两片类似石头的厚肉质半透明叶子组成。在生石花的老家——非洲南部及西南部的荒漠地区，它以灰扑扑的颜色和棱角分明的扁平状形态生长在乱石滩上，完全分不清谁是石头、谁是隐藏在石头中的多肉植物。

生石花的叶片顶部扁平且略薄，完全不像外表看起来那么肥厚。这是因为生石花顶部的叶片起到的是类似窗户的作用，即允许光线进入植物内部，这样有利于进行光合作用。生石花的叶片表面长有不规则的斑点，叶片顶部还有一些斑点状的凹槽，这些都是生石花对石头的模仿。

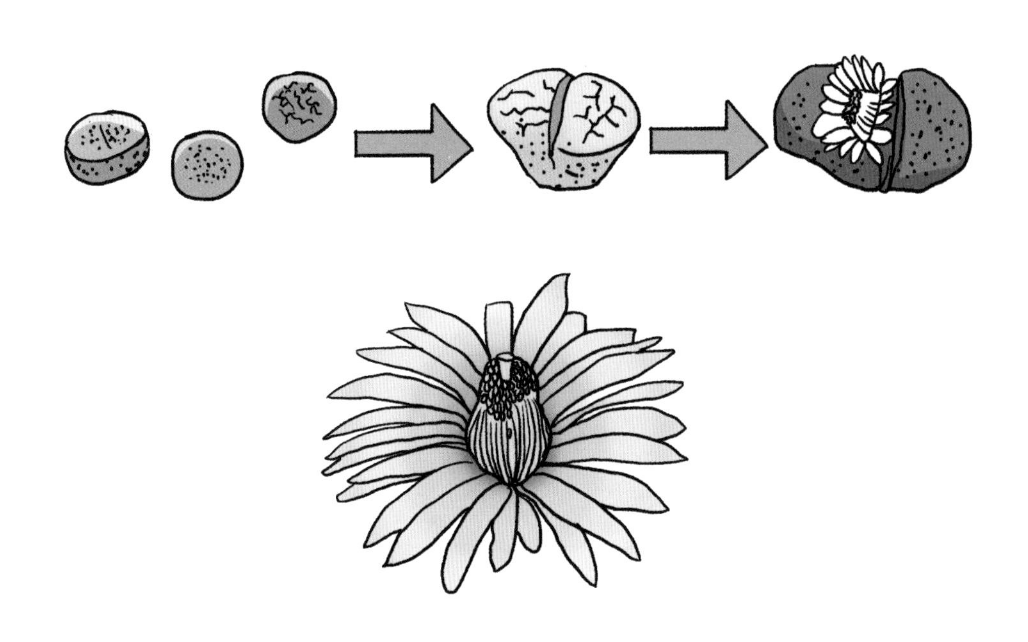

生石花的种子通常在11–12月（南半球）或3–5月（北半球）成熟。通常情况下，生石花的种荚有5~6个瓣，每瓣中整齐排列着细小的种子。每当下雨时，生石花的种子便会被雨水冲开，落地生根。它的茎很短，常常看不见。其叶肉质肥厚，两片叶对生并联结成倒圆锥体，有“鞍”“球”等形状。其叶顶部的花纹形如树枝，色彩美丽。生石花的品种较多，各具特色。因为其外形和颜色酷似彩色卵石，所以生石花也被人们称为“活石子”或“卵石植物”。

我们通常看到的生石花其实只是它的一对叶片，这是一种变态的叶器官，不像其他大多数植物长着又薄又大的叶片。生石花的叶绿素藏在变形的肥厚叶片的内部，叶片顶部有特殊的专为透光用的“窗户”，阳光只能从这里照进叶子内部。为了降低太阳直射的强度，“窗户”上还有颜色或花纹。

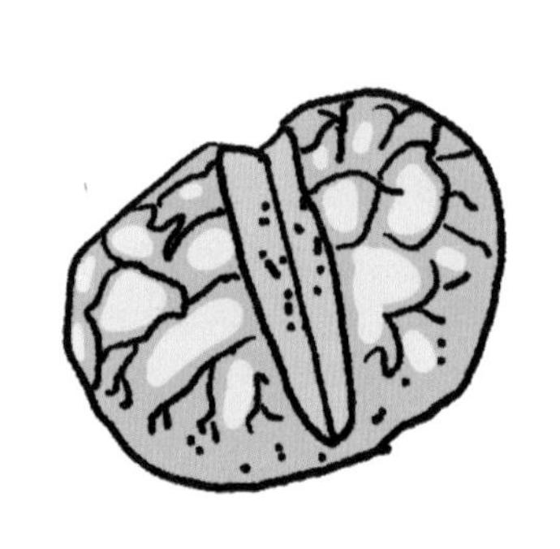

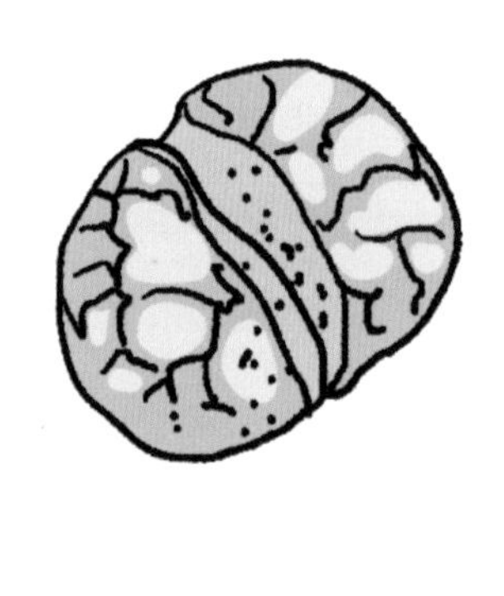

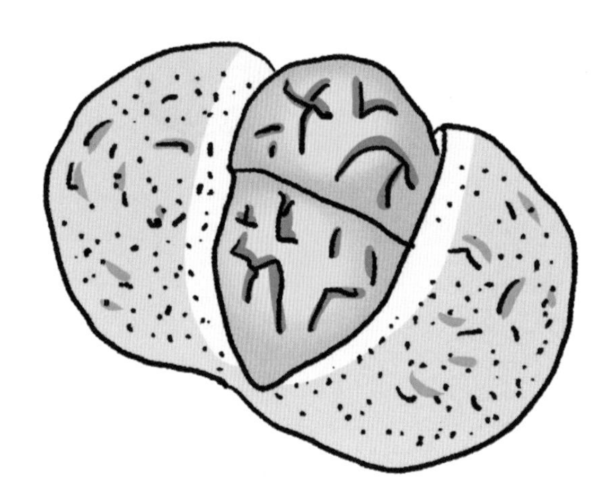

生石花具有非常强大的抗旱能力，其叶片中的水分细胞可以像海绵一样储存水分，当旱季来临时，生石花就可以依靠之前储存的水分满足最基本的生存需求。如果长期没有补充水分，则生石花的叶子会因失水而萎缩起皱。不过不用担心，生石花的生命力极其顽强，这个时候只要给它一点水，它就会立刻把水分储存起来，以备不时之需。

眼镜蛇草

在遥远的北美洲，有一种神奇的小草，常年生长在岩石的缝隙中，它是瓶子草大家族中的一员、赫赫有名的食虫家族代表性植物之一——眼镜蛇草。这种植物的外形十分奇特，远远看去，仿佛一条仰首“吐信”的眼镜蛇，这种特殊的形态正是其名字的由来。

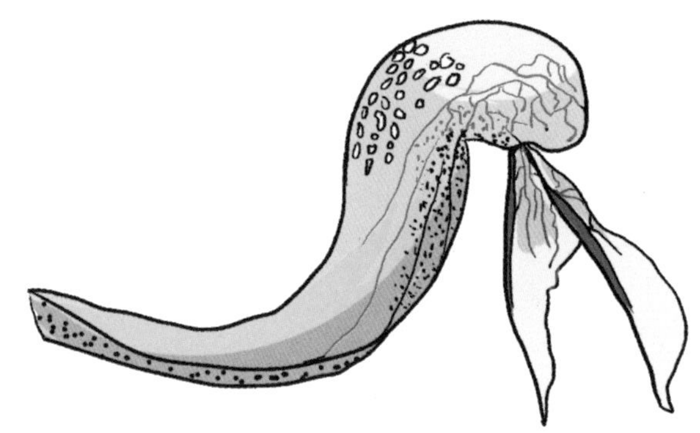

眼镜蛇草是多年生草本植物，主要分布在美国的加利福尼亚州北部与俄勒冈州，耐寒、怕热，并且喜欢阳光照射。眼镜蛇草的茎通常沿着地表匍匐生长。这些向外延伸的匍匐茎可以独立生长成新的植株。每一株眼镜蛇草在春天都会开出一朵黄绿色的小花。

眼镜蛇草的“头部”犹如一个有兜帽的瓶子，它没有瓶口，仅有许多像小天窗一样的透明斑块。在“兜帽”的下面，瓶状叶分成左右两片，犹如眼镜蛇吐出的“芯子”。

眼镜蛇草会在“芯子”上分泌出许多蜜汁，而且越靠近“蛇头”，蜜汁越丰富，以吸引路过的昆虫（如蚂蚁、蚊子、苍蝇、蜂类等）。一旦受骗的昆虫爬入“瓶内”，就如同进了迷宫，想出去可就不那么容易了。在瓶子顶部众多“天窗”的迷惑下，昆虫已难以找到真正的出口。吃不到蜜汁又出不去的昆虫在“蛇头”里乱撞，稍不注意就到了“颈部”区域，此时它就只有死路一条了。

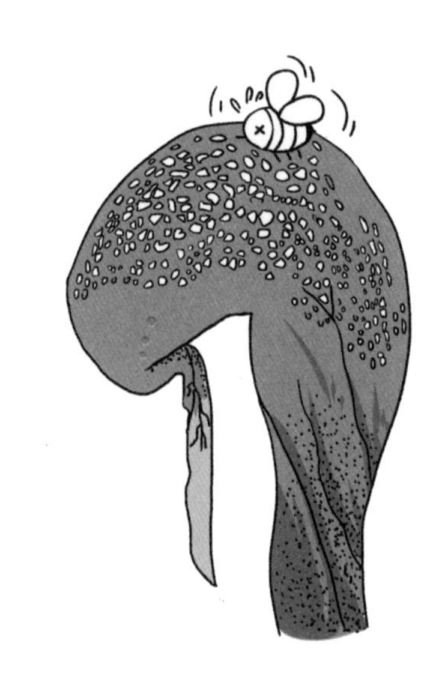

科学家研究发现，在眼镜蛇草的底部，用来分解昆虫的液池中存在大量的共生细菌，这些细菌可以代替消化液来分解落入液池中的昆虫。因此，眼镜蛇草不需要再额外分泌消化液来消化、吸收养分，和细菌的共生关系可以让眼镜蛇草更加方便地“进食”。

第十章　我们有毒性

鸡母珠

关于相思豆有很多美丽的传说，但有一种名为鸡母珠的相思豆是豆科植物相思子属的有毒植物，它的别名就叫“相思子”。

鸡母珠的豆子并非通体鲜红，其珠体上部约 2/3 为鲜红色，下部约 1/3 为黑色，特点非常明显，一眼就可辨认出来。

鸡母珠有羽状的复叶（包括成对的淡绿色的小叶），荚果扁平、椭圆，豆荚成熟后自动开裂，里面有 3~6 颗种子。这些种子非常漂亮，呈椭圆形，大部分呈明亮的红色，具有光滑的质感，并在顶部有一个黑色的斑点，像戴着一顶黑色的小礼帽。

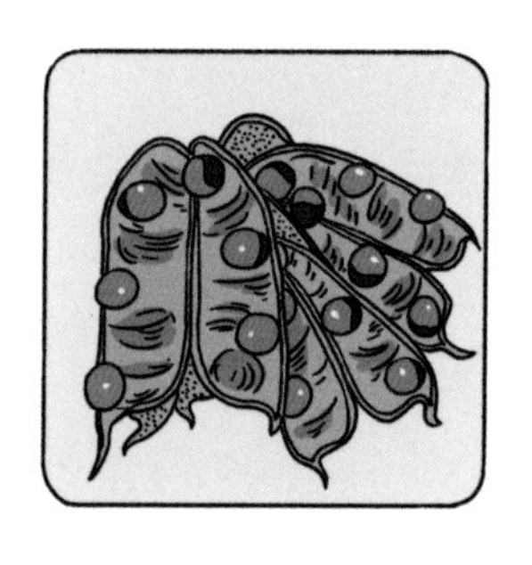

这种美丽的种子含有一种名为鸡母珠毒素的蛋白质，此毒素具有很强的毒性，人不小心摄入3微克左右就会丧命。当然，鸡母珠种子的外壳还是很坚硬的，只要不把它弄破，人就不会有危险。但是，一旦它的外壳被刮破或损坏，人接触了就会有中毒的危险。

如果有人不小心误食了鸡母珠，则其上消化道及口腔会有烧灼感，随后会有恶心、呕吐、严重腹泻等情况发生。另外，误食鸡母珠的人会感到虚弱无力、手抖动、抽搐，出现溶血性贫血、幻觉，甚至发生急性肾衰竭及休克，最终导致死亡。所以，在野外遇到这种植物时一定不要随意采摘，即便非要采摘也不要弄破种子，否则性命堪忧。

鸡母珠因其色泽光亮、好看，常常被制成饰品。通常来说，完整的鸡母珠外层被质地坚硬的外壳包裹，内里所含的鸡母珠毒蛋白并不会渗透出来。但如果鸡母珠被划伤或损坏，外壳的隔离和保护能力便会直线下降，这时就很容易发生中毒事件。所以，建议大家尽量不要购买鸡母珠饰品。对于家中已有的鸡母珠饰品，可以将其置于开水中，高温煮制半小时以上，使蛋白质变性后再继续使用。

夹竹桃

夹竹桃原产于中亚，以及印度、伊朗、尼泊尔等国家和地区，现在广泛种植于热带地区。夹竹桃又名柳叶桃、半年红，是夹竹桃科夹竹桃属的常绿灌木。

夹竹桃因其茎部像竹，叶片和柳叶、竹叶类似，开出的花朵形似桃花而得名。夹竹桃的花有香气，集中长在枝条的顶端，它们聚集在一起好似一把张开的伞。夹竹桃花的形状像漏斗，花瓣相互重叠，有红色和白色 2 种。其中，红色是其自然的颜色，花瓣为白色和黄色的夹竹桃是人工长期培育的新品种，每年的 6-10 月是夹竹桃最好的观赏时期。

夹竹桃的叶片每 3 片一组，环绕着枝条生长。叶片狭长，边缘光滑，表面覆有一层蜡质。这层蜡质既可以帮助植物保水保温，又可以抵御严寒。叶片的主叶脉笔直地从叶梗延伸到叶尖，侧叶脉整齐地排布在主叶脉两侧。

夹竹桃全株都有剧毒——它含有多种强心苷，这些物质对人的呼吸系统、消化系统危害极大。接触其分泌的乳液，也容易中毒。中毒后会出现恶心呕吐、腹泻等症状，严重者可致命。因此，夹竹桃并不适合被摆放在家里。但夹竹桃的有毒成分利用得当也可入药，有助于强心利尿、镇痛祛瘀。

夹竹桃的环保价值很高，能够抵抗烟雾、抵抗灰尘，以及抵抗空气中的二氧化硫、二氧化碳、氟化氢、氯气等有害气体，起到净化空气、保护环境的作用。夹竹桃即使全身落满了灰尘，也能茁壮成长，因这一能力，它被人们称为“环保卫士”。

夹竹桃的适应性很强，在我国几乎各省均有栽培，不过从整体数量上看以南方居多，通常被种植在公园或风景区的路旁或水旁。欧洲、亚洲，以及北美洲的热带、亚热带、温带地区均有夹竹桃的身影。

毒芹

在弱肉强食的自然界，植物似乎只能“任人宰割”，实则不然，很多植物在生长过程中为了防止被吃掉，都演化出了一系列防御手段。有的植物的气味极其难闻，令人无法靠近；而有的植物演化出了毒素，能让来犯者付出生命的代价。但是既有毒又难闻的植物并不多，接下来我们就来了解一下这个“自卫技能”高超的选手——毒芹。

毒芹多生长于沼泽地、水边、沟旁、林下湿地处和低洼潮湿的草甸。一般的毒芹株高为0.6~1.3米，最高可以长到1.8米。

很多有毒的植物都异常美丽，毒芹也不例外。它会开出白色的小花朵，叶片由很多带锯齿的小叶组成，远远望去，美丽诱人。

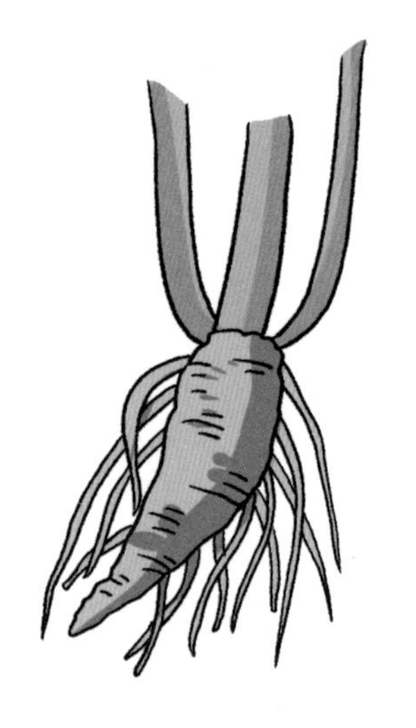

毒芹的根为白色，其叶片很容易使在野外劳作的人将其错当成无毒的水芹食用，这可是一个致命错误。

毒芹浑身上下都富含一种十分致命的物质——毒芹碱。毒芹碱呈强碱性，有一种非常刺鼻的鼠尿的气味，能麻痹运动神经。仅30~60毫克的毒芹碱就可使人头晕恶心，呼吸不畅。若有人不小心服下了120毫克以上的毒芹碱，则他可能会性命难保。

如果有人不小心误食了毒芹，则不久后就会感觉口腔、咽喉部烧灼刺痛，随即会胸闷、头痛、恶心、呕吐、乏力、嗜睡，继而可能会慢慢因呼吸肌麻痹窒息而亡。毒芹致死时间最短仅数分钟，最长约25小时。误食毒芹的人即使幸运地生存下来，也可能留下后遗症，如可能会患上失忆症等。

荨麻

当你和朋友一起漫步在清幽的林间草地上时，突然感觉腿部一阵刺痛，好像被什么咬了一口，但抬腿看去并没有发现被动物咬伤的痕迹，只是腿上多了一些红色的斑点，而且痛中带痒，还伴有明显的灼热感。不用担心，你大概率是碰到了一株“害羞”的小草——荨麻。

荨麻，又叫霍麻，是一类喜欢生长在阴凉、潮湿环境下的常见小草。说它是小草多少有点“小看”它了，荨麻的茎既有横走的根状茎，也有直立茎，直立茎的高度为40~100厘米，茎管呈四棱形，上面布满了刺毛。荨麻的叶片很薄，叶片的边缘呈锯齿状，叶片的表面也覆满了刺毛，荨麻茎叶上的这些刺毛都是有毒性的，人或动物一旦碰到就会引起刺激性皮炎，出现瘙痒、红肿等症状。好在这个问题并不难解决，被荨麻刺到后只需要及时用肥皂水冲洗就可以缓解这些症状。

将荨麻的刺毛放大来看的话，就不难理解荨麻为什么会“蜇人”了。荨麻的刺毛顶端非常锐利，刺毛的前半部分是空腔，但靠近基部的位置有许多由细胞组成的腺体，腺体分泌出大量的蚁酸并将其填充在前部的空腔中。当人的皮肤划过荨麻的枝叶时，脆弱的刺毛当即断裂，释放出空腔中的蚁酸。蚁酸属于强酸性物质，和皮肤接触会引起皮肤强烈的过敏反应。从另一个角度来说，荨麻的这种特性也属于“正当防卫”了。

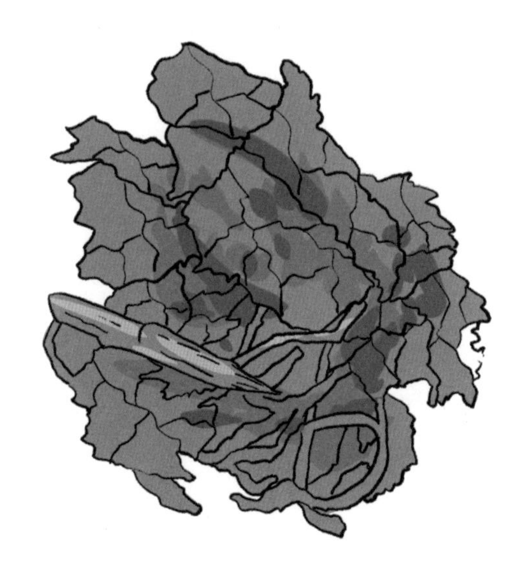

荨麻喜阴，通常可以在背阳的墙边、山脚的阴地或河边的桥下看到它们的身影。荨麻对土壤环境的要求不高，且生长迅速，我们能看到的荨麻往往都是一大片一大片的。合理利用荨麻的特质，将荨麻种植在庭院、果园及鱼塘的围栏边可以起到防盗的作用。不仅如此，将风干的荨麻放在粮仓附近，就连老鼠见了也会立即逃跑，因此，荨麻有“植物猫”的称号。

你可能想象不到，“蜇人”的荨麻也可以成为有很高经济价值的农作物。荨麻茎的韧性非常好，茎皮中含有大量的长粗纤维，可以用于纺织、造纸等。用荨麻制成的布料的手感和我们常见的棉麻布料的手感十分相似。

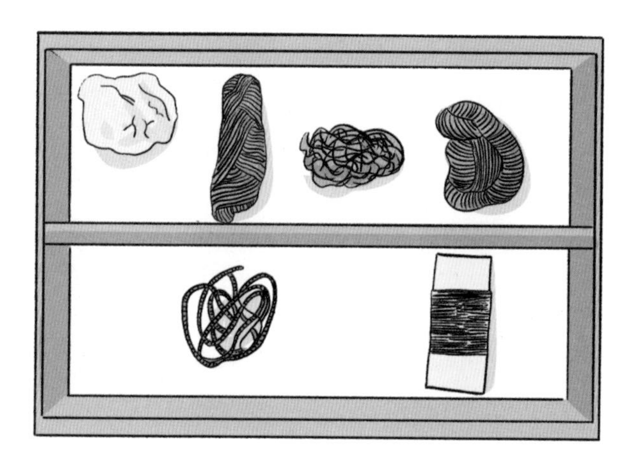

荨麻的茎叶可烹制、加工成各种各样的菜肴，如凉拌菜、汤菜、烤菜等，也可制成饮料和调料等。荨麻籽的蛋白质和脂肪含量与向日葵、亚麻等油料作物接近。用荨麻籽榨的油，味道独特，有强身健体的功能。

鸢尾

鸢尾在我国的大部分地区都有分布，每年的4-5月是鸢尾盛开的时节。一阵风起，鸢尾飘逸的花瓣随风起舞，远远看去就像一群娇艳的蝴蝶在草丛中纷飞。

鸢尾是多年生宿根草本植物，大部分鸢尾只有地下茎，因此鸢尾的叶片看起来好像是直接从根部萌发的一样。鸢尾的花形很独特，两轮花被上各生出3片花瓣，外轮的花瓣弯曲向下垂，内轮的花瓣直立朝上长，形似蝴蝶，鸢尾也因此得名“蓝蝴蝶”。

鸢尾整株都有毒，其中根、茎的毒性比较强。人如果误食了鸢尾新鲜的根、茎部位，就会出现呕吐、腹泻、皮肤瘙痒、体温不断变化等症状，严重的还会造成胃肠道淤血，危及生命。

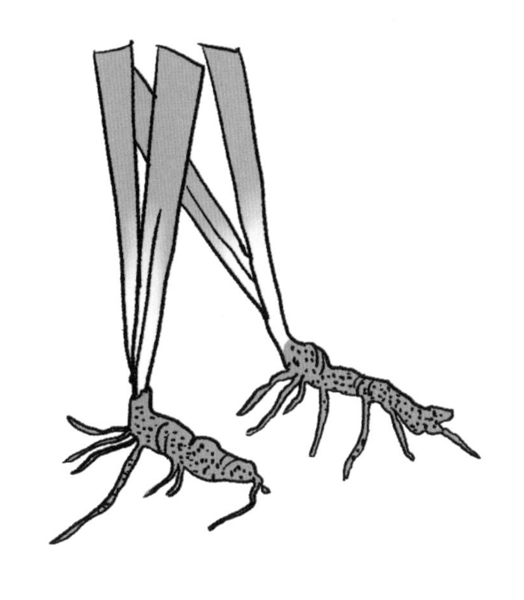

鸢尾虽然有毒性，但也可以入药。因为它含有一种叫作鸢尾苷元的物质，这种物质有清热解毒、利咽消痰的功效。

香根鸢尾是法国的国花，在法国人眼里，这种花象征着自由、光明与纯洁。如今在法国，随处可见盛开的鸢尾花。

鸢尾科是一个庞大的家族，家族中约有 60 属，共几百个品种。其中，鸢尾属的物种数量最多，有 64 个种、13 个变种、1 个亚种、6 个变型。

我们通常所说的鸢尾花，一般就是指鸢尾科鸢尾属的植物。

鸢尾属的植物花色明艳多变、色彩丰富，更有甚者，一朵花上能呈现出两三种颜色，是名副其实的“彩虹女王”。